中国地质学会

GEOLOGICAL SOCIETY OF CHINA

第39届理事会工作回顾

中国地质学会秘书处　编

地质出版社

·北　京·

图书在版编目（CIP）数据

中国地质学会第39届理事会工作回顾／中国地质学会秘书处编．—北京 ：地质出版社，2017.10
ISBN 978-7-116-10634-5

Ⅰ．①中… Ⅱ．①中… Ⅲ．①地质学－学会－工作概况－中国 Ⅳ．①P5-262

中国版本图书馆CIP数据核字（2017）第260682号

ZHONGGUO DIZHI XUEHUI DI SANSHIJIU JIE LISHIHUI GONGZUO HUIGU

责任编辑：贺秋梅
责任校对：白秀君
出版发行：地质出版社
社址邮编：北京海淀区学院路 31 号，100083
电　　话：（010）66554528（邮购部）；（010）66554611（编辑部）
网　　址：http://www.gph.com.cn
传　　真：（010）66554686
印　　刷：北京地大彩印有限公司
开　　本：889mm×1194mm 1/12
印　　张：23
字　　数：400 千字
版　　次：2017 年 10 月北京第 1 版
印　　次：2017 年 10 月北京第 1 次印刷
定　　价：298.00 元
书　　号：ISBN 978-7-116-10634-5

《中国地质学会第39届理事会工作回顾》

编委会

序

中国地质学会第39届理事会成立于2011年11月。6年来，在中国科学技术协会、国土资源部的正确领导、关怀下，在各理事单位、分支机构、省级地质学会及广大学会会员的支持下，围绕第39届理事会的任期目标，充分发挥人才荟萃、联系广泛的优势，围绕中心、服务大局，在学术交流、科学普及、人才举荐、期刊出版等方面开展了一系列富有成效的工作，取得了可喜的成绩，为我国地质事业的发展做出了积极的贡献。

回顾第39届理事会期间的工作，我们深知，成绩的取得离不开各级领导的关心，离不开学会各分支机构、省级地质学会、理事单位和广大会员的理解、帮助与支持，在此，中国地质学会向各级领导、单位和广大会员表示衷心的感谢和诚挚的敬意！

当前，我国正处于决胜全面建成小康社会、进而全面建设社会主义现代化强国的时期，地质工作面临新的机遇与挑战。在此之际，中国地质学会第40届理事会即将成立，我们相信，新一届理事会将在民政部、中国科学技术协会、国土资源部的正确领导下，在各理事单位的大力支持下，团结带领全国广大会员开拓创新、勤奋工作，在推进地质科技繁荣发展、地质科技普及推广、地质科技人才成长提高、地质工作与经济社会更加紧密结合、地质工作更主动地服务于经济社会发展等方面，发挥更大的作用，为我国地质工作的发展做出新的更大贡献！

值此学会换届之际，谨以此《中国地质学会第39届理事会工作回顾》完整、真实地记录第39届理事会期间的重要活动、事件和成果等，作为中国地质学会发展历程的见证。由于时间仓促、水平有限，加之文字、图片资料掌握不全，书中难免有不足之处，诚望大家见谅，并提出宝贵意见，以便我们在今后的编写工作中改进和提高。

中国地质学会秘书处

2017年10月

工作概述

2011 年 11 月，中国地质学会第 39 届理事会在北京成立。6 年来，中国地质学会在中国科学技术协会和国土资源部的领导下，在各理事单位和广大会员的支持下，在学会办事机构全体工作人员的辛勤努力下，认真学习贯彻习近平总书记新时代中国特色社会主义思想和党的十八大以来历次全会精神，按照党中央、国务院对群团工作的新要求，根据中国科学技术协会的总体部署和第 39 届理事会的任期目标，充分发挥学会桥梁和纽带作用，紧紧围绕经济社会发展的需求和地勘行业的中心任务，发挥优势，统一思想、凝聚力量，主动作为，努力为地质科技工作者服务、为地质事业发展服务、为提高全民科学素质服务、为经济社会发展服务。在学术交流、人才举荐、科普教育、期刊出版、咨询服务、信息宣传、承接政府职能和自身建设等方面做了大量工作，取得了明显成绩，得到中国科学技术协会等上级部门的充分肯定，被民政部评为“AAAA”级社会组织，被中国科学技术协会评为“提升能力建设优秀社团”，能力建设业绩列全国学会第 11 位，实现了在科学技术协会所属 207 个一级学会中成为“有思路、有能力、有业绩、有地位、有影响”学会的工作目标，助力了地质事业发展，受到全国地勘行业广大会员单位和会员的赞誉，开创了地质学会工作的新局面。

成功举办了中国地质学会成立 90 周年纪念大会。 2012 年 12 月 14 日，中国地质学会成立 90 周年座谈会在北京召开，时任国务院总理温家宝同志、常务副总理李克强同志分别作重要题词和批示，对中国地质学会 90 年辉煌成就给予充分肯定，对中国地质学会未来的发展寄予殷切期望。本次会议的圆满召开，极大地鼓舞了全国地质工作者，扩大了学会影响，对学会未来的发展起到了重要作用。

积极开展国内外学术交流，促进地学科技发展。学会始终把组织好国内外学术交流作为首要任务，通过开展多种形式的学术活动，促进地学科技繁荣，推动科技创新战略的实施。6 年来，学会共开展各类学术活动 240 余次，参加人数达 47400 余人次，发表论文或摘要 17300 余篇，学术交流成效明显，形成了系列品牌学术会议，推动了地质科技的发展，为经济社会发展做出了贡献。一是围绕我国经济社会发展需求和地勘行业中心任务召开学术会议。近年来，我国经济社会发展进入了新时代，党中央提出了“五位一体”总体布局、驱动发展和建设科技强国等国家发展战略，围绕着国家的重大战略，针对地学领域国际前沿和资源环境领域的重大科技问题，学会每年组织 40 ~ 50 项主题鲜明的学术会议，形成了以中国地质学会学术年会为主的系列品牌。

二是围绕国际地学前沿的重大科技问题召开学术会议。6 年来，针对岩石、构造、矿床、石油地质、海洋地质、古生物学等基础地质领域的重大理论问题召开系列学术交流会，提出新理论、新认识、新观点，促进了基础地质学科的进步。针对物探、化探、遥感、分析测试、仪器设备研发、数据处理与成图、地质大数据等地质技术问题召开系列研讨会，交流技术新进展和在解决基础地质研究、资源能源勘查、重大环境问题中应用效果，促进了技术的进步。围绕国际上出现的纳米地质、页岩气、天然气水合物、金属能源、绿色矿山、农业地质等新兴地质学科召开研讨会、论坛、报告会、培训会，就相关基础理论、勘查与开发技术进行交流，推动了新学科的发展。三是积极开展国际学术交流，提升中国在国际地学界的影响力。积极组织和参加国际学术会议，通过走出去，请进来，多方面展示我国在地质科技、地质调查、资源能源勘查等方面取得的新进展与重大成果，提升中国在国际地学界的影响力。2012 年、2016 年分别组织 800 余名、400 余名国内地质科技工作者参加第 34 届和第 35 届国际地质大会。精心设计中国地质代表团展台，全面展示了中国在地质科技和解决资源环境等重大问题方面所取得的最新成果，受到了国际同行的广泛关注，全面提升了我国地质科技的国际影响力。2013 年、2015 年分别组织召开的“中美地质学会第一、二届学术研讨会”“”“第八届、第九届世界华人地质大会”，2014 年矿床地质专业委员会组织召开的“第十四届国际矿床成因协会大会”，以及非开挖技术、地质旅游和地质公园、石油地质、水文地质、地质学史等专业委员会（研究分会）组织召开的国际学术研讨会和展览会，以其鲜明的主题、丰富的内容，吸引了国际同行的广泛参与，促进了世界地质科技交流和进步。认真组织并积极参加了国际地科联理事会会议和新一届的国际地科联领导机构选举工作，国际地科联秘书处迁至中国，2016 年华人地质学家成秋明教授成功当选为新一届国际地科联主席， 30 余位中国科学家当选为国际组织各分支机构的负责人，中国地质学界的国际话语权得到全面提高。

大力开展人才奖励和成果评选工作，促进优秀地质科技人才成长。学会高度重视人才和成果奖励工作，在保持已有品牌奖项的基础上，不断完善奖励项目，通过规范、公正、民主的评选程序，推举表彰优秀的青年地质科技工作者、优秀科技成果、突出的找矿成果，为促进地勘行业人才队伍建设、扩大社会影响力、增强公众对地质工作的认知度做出了贡献。一是高度重视青年科技人才的培养。学会设立的“黄汲清青年地质科学技术奖（黄汲清奖）”和“青年地质科技奖（金、银锤奖）”，作为地学界青年科技工作者最重要的奖项，是培养和造就青年科技骨干和学科带头人的重要渠道，在全国地勘行业有着重要的影响。自奖项设立以来，全国共有 110 名优秀青年地质科技工作者获得“黄汲清奖”，125 人获“金锤奖”，500 人获“银锤奖”。其中，2012 年、2014 年和 2016 年分别完成第六届、第七届、第八届“黄汲清青年地质科学技术奖”评选工作，有 44 位同志获奖；2013 年、2015 年、2017 年分别完成第十四届、第十五届、第十六届“青年地质科技奖（金、银锤奖）”的评选工作，有 30 位同志获“金锤奖”、120 位同志获“银锤奖”。二是拓展学会人才奖励项目。为解决基层青年地质工作者在“青年地质科技奖（金、银锤奖）”获奖者中偏少的问题，学会从 2014 年起设立了“中国地质学会野外青年贡献奖（金罗盘奖）”，专门用于奖励在地勘行业野外一线工作的青年地质科技人员，每两年评选一次，2014 年、2016 年两届评选共有 200 人获得了此项奖励，在全国地勘行业产生了巨大反响，受到了广大地勘行业一线地质工作者的欢迎，对鼓励青年地质工作者立足一线成才起到了积极作用。为完善学会人才奖励，2017 年学会又增设了“中国地质学会优秀女地质科技工作者”奖项，刚刚受到表彰的第一届获奖者是我国地勘行业中女地质工作者中的优秀代表。高度重视对青年学生的培养工作，2014 年、2016 年由中国地质学会地质教育分会举办的第三届、第四届“全国大学生地质技能竞赛”，吸引了来自全国 52 所高校、140 余支代表队、数百名学生参赛，这是目前唯一一项全国性大学生地质类的重要赛事，在地质类高校中产生了较大影响。三是高度重视高端人才的举荐工作。2015 年两院院士推荐制度改革后，中国科学技术协会所属学会成为唯一的单位推荐渠道。地质学会认真做好两院院士的推荐工作。2015 年、2017 年两次向中国科协推荐两院院士候选人 27 名，其中 26 人通过中国科学技术协会评审，成为两院院士的有效候选人。2017 年，学会推荐 1 人进入中国工程院院士增选第二轮，进入中国工程院院士增选第二轮的全国学会有 14 个，其中进入能源与矿业工程学部的全国学会仅有 2 个，说明了学会院士候选人推荐工作的高质量。另外，学会还积极做好中国科学技术协会等部门各类国家级人才奖励的举荐工作，其中，2012—2017 年，获“光华工程科技奖——青年奖”1 人、“全国优秀科技工作者”9 人，为地勘行业增光添彩。四是认真做好科技成果评选与举荐工作，提高地勘行业的社会认知度。2012—2017 年，有 100 项地质科技和地质找矿成果获中国地质学会年度“全国十大地质科技进展”和“十大地质找矿成果”，在全国地勘行业产生了重大影响。认真做好每年的“国土资源科学技术奖”的推荐工作，2012—2017 年，推荐 50 个项目成果参与评选，有 41 个项目荣获“国土资源科学技术奖”，其中，一等奖 6 项。2016 年，中国地质学会被中国科学技术协会确定为可直接向国家科技奖励办公室直接推荐“国家自然科学奖”的学会之一。

积极开展科普活动，为提高社会公众地质科学文化素质服务。学会始终把普及科学知识、弘扬科学精神、宣传科学思想作为学会的一项重要任务，充分发挥学会科技人才密集的优势，根据社会发展和公众新的需求，充分应用新媒体技术，不断创新科普工作形式，动员和组织广大会员和科技工作者宣传普及地学科技知识，在社会上产生了很好的影响，增强了社会公众对地学的认知度，取得了显著的社会效益。2012—2016 年，学会连续 5 年被评为中国科学技术协会“全国学会科普工作优秀单位”。一是“世界地球日”活动影响广泛，成为我国地学科普品牌。学会每年 4 月 22 日“世界地球日”活动已普及到省、市、区、县，矿山企业和中、小学校，成为全国性活动，参加活动的各界人士达数十万之多。通过现场咨询、专家讲座、大学生演讲比赛和中、小学生参观地质实验室、纪念馆、博物馆、地质公园等活动，使其成为宣传国土资源国情国策、增强公众了解地球科学知识、树立节约集约利用资源意识、改变生活方式、破除封建迷信的重要平台。二是精心组织全国青少年地学夏令营活动，向青少年普及地学科技知识。学会开展青少年夏令营活动已有近 40 的历史，足迹遍布祖国各地，已经成为我国最具特色和影响力的青少年夏令营之一，为丰富青少年的地学知识做出了贡献。2012 年、2014 年、2016 年分别在吉林、山东、宁夏成功举办全国青少年地学夏令营总营，近千名中学生参加了活动。各省级学会也都举办了形式多样的夏令营活动，产生了较好的社会影响。三是国家地质公园建设赢得社会赞誉。学会在国土资源部的统一领导下，认真履行国家地质公园办公室职责，积极发挥学会“旅游地学与地质公园研究分会”的组织优势和专家优势，不断拓宽服务领域，为建设国家地质公园、推荐国际地质公园、普及地球科学知识、保护地质遗迹、推动地学旅游和地方经济社会发展做出了贡献。徐霞客研究分会协调相关单位与地方政府一起，深入挖掘徐霞客的科学精神和深远的社会影响，为推动地学旅游和当地旅游业发展做出了突出的贡献，受到当地政府的热烈欢迎。四是科学传播专家团队建设成效显著。2013 年，根据中国科协的要求，学会开始组建科学传播专家团队；到 2016 年底，已建立了以武强院士、殷跃平、郭颖等为首席专家的 12 支专家团队。在“世界地球日”等重大科普活动期间，各团队积极组织开展大型科普咨询活动，有的深入幼儿园、中学开展防灾减灾知识讲座；有的坐客中央电视台科教频道和省、市电视台讲授地学相关知识；有的在地质灾害现场为公众解疑释惑，参加地质灾害的原因调查，这些活动普及了地学知识，受到了公众的欢迎。五是创新科普工作方式，推进“互联网 + 科普 + 地学宣传”。积极组织“全国科技周”和“全国科普日”活动，组织专家开展科普下基层、进校园、进街道、进乡村活动，利用现场网络直播方式，向社会公众普及地球科学知识。开办了中国地质学会地学科普网站，增加了地学科普的信息量。第四纪地质专委会组织专家录制中央 10 台《地理中国》科教节目两期，讲述了内蒙古阿拉善沙漠地貌变迁、山海关长城的故事；地质灾害与科技减灾科学传播专家团队制作的《五步避险法》、自然环境变迁与古脊椎动物科学传播专家团队制作的“4D”电影《会飞的恐龙》荣获科技部 2015 年“全国优秀科普微视频作品奖”；生物演化与地质学科学传播专家团队在学会的支持下自主设计制作了《生命演化》系列动漫，形象地介绍了生命起源；组织出版了《品文化赏珠宝》《地球趣话》《从猿到人》等多本地学知识出版物；非常规油气地质专业委员会组织科研人员撰写科普文章 22 篇。

实施精品期刊工程，为地质科技工作者打造高水平学术交流平台。目前，学会主办、协办地质科技期刊 17 个，总会主办《地质学报》（英文版）、《地质学报》（中文版）和《地质论评》3 个刊物。6 年来，学会刊物的服务面和影响力不断扩大，期刊编辑多次荣获国家新闻出版广电总局表彰。一是《地质学报》（中、英文版）多次受到奖励，成为国家重点支持期刊。2012—2015 年，《地质学报》（英文版）获中国科学技术协会、财政部“优秀国际科技期刊一等奖”资助，每年奖励办刊经费 200 万元，全国仅 5 个刊物获得此类资助；2016—2018 年，获中国科学技术协会、财政部“科技期刊攀登计划”项目资助，每年奖励办刊经费 180 万元，全国有 16 个刊物获此殊荣。2013 年、2015 年，《地质学报》（英文版）荣获国家新闻出版广电总局“百强报刊”称号；2013—2016 年，《地质学报》（中文版）第八次荣获科技部科技信息研究所“百种中国杰出学术期刊”称号，并于 2016 年成功被 EI 收录。二是刊物的国际化水平和社会影响力大幅度提高。《地质学报》（英文版）、《地质学报》（中文版）现已分别被 SCI、EI 等 20 余个国家数据库和网站收录。在最近几年 SCI 公布的各学科影响因子排名中，《地质学报》（英文版）一直位列我国地学期刊第一名。《地质学报》（中、英文版）、《地质论评》《矿床地质》《岩石矿物学杂志》等刊物多次被 CNKI 数据库评选为2012—2016年度中国最具国际影响力学术期刊称号。三是完善中国地学期刊网，使学会数字化、网络化办刊水平走在了前列。自2008年起学会开通了我国第一个单学科期刊网站"中国地学期刊网"以来，进一步完善网络内容，增加信息量，目前该网已涵盖了我国地学界所有的232个科技期刊，浏览量已达2500万次，近30%的读者来自海外。此外，《地质学报》（英文版）电子版与国际Wiley出版公司成功签订海外发行协议，使学会科技期刊的数字化、国际化水平大大提升，扩大了我国地学研究成果的国际影响力。

认真落实党中央深化改革要求，积极开展咨询服务，认真做好承接政府职能的工作，提升学会服务能力。2015年2月，中共中央办公厅印发了《中共中央关于加强和改进党的群团工作的意见》，对社团工作提出了新的要求。7月，中国科学技术协会印发《科协系统深化改革实施方案》，对全国学会深化改革做出了整体部署，学会认真落实党中央和中国科协的要求，深化改革，主动作为，强化能力建设，开展咨询决策服务，积极承担政府转移职能，学会服务能力得到进一步提升，并被中国科学技术协会授予"提升能力建设优秀社团"。一是认真做好顶层设计，制定学会深化改革方案。2012年，按照党中央的要求和中国科协深化改革的总体部署，根据学会的职责，结合学会的实际情况，实事求是地制定了学会深化改革实施方案，对今后五年的改革与创新工作做出了安排，并在实际工作中贯彻落实。2016年，在中国科协考核中，学会改革工作效果受到了充分肯定，中国科协网站以"看中国地质学会如何修炼六大神功，提升学会服务能力"为题进行了报道。二是积极开展咨询活动，为政府相关部门和地方政府决策服务。2012年，国务院办公厅下发《找矿突破战略行动纲要》后，学会组织通过发放调查问卷、召开地勘行业各部门地质科技工作者座谈会，围绕如何实现找矿突破提对策、提建议，并将意见和建议汇总成册提交国土资源部，供领导决策参考。2012—2016年，先后组织陈毓川、彭苏萍等院士专家赴福建、天津、河北、贵州、甘肃、陕西开展调研工作，针对区域经济社会发展中的问题、重大资源地环境、"一带一路"地质工作合作等议题，在与所在省、主要领导座谈会上提出咨询建议，受到高度重视。按照党中央和国家有关部门的要求，与地质教育研究分会共同组织有关专家高质量完成了《我国中长期人才发展规划纲要（2010—2020年）》在地学开发领域实施情况的评估报告，完成了我国未来十年地质类高端人才引进计划的专业和建议人选目录咨询报告，受到了中国科学技术协会的充分肯定，彰显了中国地质学会在全国地勘行业中的权威性和代表性。主动探索学会作为主持单位，对非国家经费来源、自筹经费完成成果的评审工作，接受地勘行业有关单位的委托，对所完成地学科技成果、找矿成果进行第三方评审鉴定，评审程序规范、公正、透明，得到相关单位和成果持有人的赞誉。组织推荐专家积极参加国家、地勘行业中的各类科研项目、科技平台、科技成果奖项、人才奖励等评审工作，为学会今后进一步做好相关工作积累了经验。三是拓展学会服务渠道，积极承担政府转移职能。根据党中央、国务院对中国科学技术协会深化改革，承担政府职能的总体安排，中国地质学会被确定为承担政府转移职能的43家全国学会之一。2013年教育部、中国科学技术协会赋予中国地质学会开展我国高等院校地质工程类专业认证工作职责。学会积极筹备，成立机构、遴选专家、制定办法、培训专家，高质量地完成了相关工作，在 2017 年 9 月的中国科学技术协会认证工作评估会上，中国地质学会被评为优秀。截至目前，学会已先后对 20 余所地质类院校的 30 余个专业进行了本科教育专业认证，为我国顺利成为国际本科工程学历资格互认的《华盛顿协议》成员国做出了贡献，受到了教育部、中国科学技术协会的表扬。

加强组织建设，坚持民主办会，为学会发展提供重要保障。学会高度重视领导班子的组织建设，发挥优良传统，坚持民主办会。根据学科发展趋势和需求，及时成立分支机构，积极发展会员，扩大学会的覆盖面和影响力，为学会健康有序发展提供了重要保障。一是加强学会理事会领导机构的建设。6 年来，基于理事会领导机构组成人员工作岗位变化，按照学会《章程》的规定和相关程序要求，及时调整相关人员。2016 年，经国土资源部推荐，民政部、中国科学技术协会批准，国土资源部党组成员、中国地质调查局党组书记、局长钟自然接任学会第 39 届理事会理事长，为学会工作正常有序开展提供了重要的组织保障。二是坚持民主办会制度。学会严格按照学会章程开展各项活动。强化集体领导、坚持民主办会，学会所有重大决策、重要事项均经会员代表大会、全体理事会、常务理事会会议集体研究决定，发扬了学会民主办会的优良传统，受到了广大会员、理事单位的肯定，增加了学会的凝聚力。6 年来，召开了 37 次常务理事会、29 次秘书长会和 6 次省级学会与分支机构工作会议。三是积极发展会员夯实学会基础。学会是会员之家，为广大会员、科技工作者服务是学会的本职。为了进一步做好会员服务工作，积极发展会员，开通在京地勘单位会员发展渠道，注重发展了一批非公有制经济组织中的地质科技工作者入会。6 年来，全国新增会员 37979 人，个人会员总数达 60000 余人，建立了“中国地质学会会员管理系统”，会员的管理和服务能力得到提升。四是加强分支机构的建设。学会根据地质学科的发展趋势和地质科技工作的需求，注重地学领域新兴学科、交叉学科的进步，加大了分支机构的建设。6 年来，先后成立了纳米地质专业委员会、地热专业委员会、非常规油气地质专业委员会、洁净煤专业委员会、矿山水防治与利用专业委员会、境外地质矿产研究分会、化石保护研究分会、核地质专业委员会和妇女工作委员会等 9 个分支机构，学会二级机构从 2011 年的 48 个增加到目前的 57 个。

加强宣传工作和信息化建设，学会的影响力不断增强。学会高度重视宣传工作，充分利用各种社会宣传媒介，大力宣传地勘行业取得最新科技成果、找矿重大突破，展示地质科技工作者对经济社会发展做出的贡献，扩大了社会的影响力。2013 年、2014 年荣获“国土资源部信息报送先进单位”；2016 年荣获中国科学技术协会年鉴“优秀组织单位奖”。一是加大重大成果、优秀人才、重大活动的宣传力度。充分利用报纸、电视台、电台、互联网站等社会宣传载体，报道学会组织的重大学术、科普、成果与人才奖励等重大活动，广泛宣传和深度报道学会评选产生或经学会向国家推荐获得的各种科技成果、找矿成果、人才奖项获得者的先进事迹，使公众及时了解地质工作者为社会经济发展所做的贡献，扩大了学会的社会影响力。二是加强信息化建设，增强宣传工作效果。6 年来，充分利用网络、新媒体等快速传播的优势，不断完善中国地质学会网站、中国地学期刊网，陆续开发设计并完成了中国地学科普网站、中国地质学会会议注册系统、中国地质学会会员管理系统及中国地学奖励网页的信息化建设工作。开通了中国地质学会官方微信和珠宝玉石微博、微信，及时推送学会重要信息，解答公众关切的热点问题。学会网站累计点击量超过150万次，地学期刊网累计点击量超过2500万次，期刊网上传论文数达3500篇，新媒体的应用大大增强了学会宣传的效果。三是认真做好学会内部刊物的出版工作，为理事单位和会员服务。学会每年出版《中国地质学会年报》和《学会会讯》6期、《情况通报》30余期，分送全体理事、会员单位和上级有关部门，满足了不同层次读者的需要。及时出版学会科普、成果与人才奖励重要活动专辑，编辑出版学会单项工作宣传册。建立了学会通讯员队伍，及时向媒体提供学会的新闻线索，部分省级学会和分支机构通过拍摄优秀科技人物专题片、科普片，组织科学家为社会各界做科技报告，均取得了较好的宣传效果。

强化学会办事机构自身建设，提高服务能力和水平。学会高度重视办事机构的自身建设，按照“内强素质、外塑形象”的要求，不断完善制度、强化管理措施，不断提高学会工作人员为会员和会员单位服务的能力和水平。6年来，办事机构在人员少、工作量不断扩大的情况下，保证了学会工作的正常高效运转，得到广大会员和会员单位及上级单位的高度赞誉。2014年，学会在中国科学技术协会组织的评比中被评为“提升能力建设优秀社团”。2016年，学会办事机构工作人员郝梓国、章雨旭分获中国科学技术期刊编辑学会“金牛奖”“银牛奖”；华丽娟获人力资源社会保障部、中国科学技术协会授予的“全国科协系统先进工作者”荣誉称号；唐序获中国科学技术协会信息中心年鉴“优秀撰稿人”。2017年，刘恋获中国科学技术期刊编辑学会“骏马奖”。一是加强制度建设，规范学会管理工作。先后制定了中国地质学会《会议管理办法》《财务管理办法》《分支机构管理办法》等20余个规章制度和管理条例，并严格按照制度办事，确保办事机构的规范有序运转。2016年，聘请了常年法律顾问，负责学会活动法律责任的审核，实现了依法办会，为学会的各项活动提供了法律保证。2017年，按民政部、审计署、中国科学技术协会要求，实现了对分支机构学术活动和财务活动的统一管理，进一步提高了学会的规范管理水平。严格遵守国家各项规定，多次接受上级相关部门财务审计、专项检查，未出现任何违规违纪问题。分别荣获2012年、2013年度中国科学技术协会全国学会统计工作二等奖；2012—2016年，连续5年荣获中国科学技术协会全国学会决算工作先进学会奖。二是坚决贯彻党中央的重大决策部署，充分发挥党支部的战斗堡垒作用。6年来，学会办事机构党支部在中国地质科学院党委的领导下，认真开展“党的群众路线教育实践活动”“三严三实”教育活动、“两学一做”和“党风廉政教育活动”，充分发挥党支部的战斗堡垒作用和党员的模范带头作用，团结全体工作人员，辛勤工作，甘于奉献，为做好办事机构日常管理工作提供政治保障。先后荣获中国地质科学院“先进党支部”称号、中国科学技术协会全国性学会“党建强会”特色党支部称号。三是省级学会工作成绩明显。各省级学会认真履行自己的责任，充分发挥自身特色，主动作为，创新工作，在学术交流、科学普及、人才和成果举荐、咨询服务、期刊出版等方面都取得了明显成绩，为所在省（区、市）的地勘事业发展、区域经济社会的进步做出自己的贡献，收到了广大基层会员和所在地主管部门的肯定和表彰，浙江、安徽、新疆、河北、江西、北京、青海、内蒙古、湖南、湖北、四川等省级学会分别被中国科学技术协会或省民政厅、省科学技术协会授予“学会之星”或“先进学会”等称号。

回顾过去6年来的工作，我们认真贯彻党中央对社团工作的新要求，按照中国科协的总体部署，始终坚持学会的办会宗旨，认真履行学会职责，围绕中心，主动作为，开拓创新，努力工作，充分发挥学会作用，以良好的服务意识、求真务实的工作作风，较好地完成了第39届理事会制定的目标任务，并做出了一定的成绩。主要的体会是：

坚决贯彻党中央对社团工作的决策部署是根本保障。6年来，按照党中央对社团组织提出的新要求和中国科学技术协会深化学会改革的总体方案，中国地质学会坚决贯彻党中央、决策部署，在中国科学技术协会和国土资源部的领导下，认真履行职责，坚持依法依章办会，围绕地勘行业的中心工作，深化改革，主动作为，创新工作，不断规范学会管理工作，强化服务能力的提升，确保了学会工作健康有序的发展，学会工作成效得到中国科学技术协会的充分肯定，影响力保持在全国性学会的第一方阵中。

坚持服务宗旨是做好学会工作的重要基础。中国地质学会作为全国地勘行业的学术组织，为经济社会发展服务、为创新驱动发展服务、为地勘行业的中心工作服务、为广大地质科技工作者服务、为提高全民素质服务、为党和政府科学决策服务是根本宗旨。6年来，正是由于我们始终坚持服务第一的原则，我们的工作才得到了广大会员的支持，得到了中国科学技术协会等有关部门的支持，得到了社会的肯定，得到了全行业的认可，学会工作才不断地得到发展，彰显了学会事业的凝聚力和生命力。

提升服务能力是做好学会工作的重要条件。学会是全国广大地质工作者之家，是全国地勘行业各部门共同的家园。6年来，学会办事机构按内练素质、外塑形象的要求，着重提升办事机构工作人员综合素质和业务素质，提高综合服务能力，加强沟通与协调，广泛团结社会各界力量，积极依靠广大会员，主动作为，辛勤工作，克服了人员少、工作量极大的现实困难，不断开拓服务渠道，积极承接政府职能，提高为全国广大地质工作者服务水平。同时，学会在服务地质事业发展中所取得的工作成绩也得益于各理事单位、常务理事单位、学会各级机构之间的相互理解和相互配合，得益于广大会员和地质科技工作者的大力支持。

打造学会品牌是做好学会工作的动力源泉。学会工作要做好工作，要在全行业有凝聚力、向心力，必须具有强有力的抓手作支撑，也就是说必须要有一系列的品牌项目和产品。6年来，学会高度重视品牌项目的建设，拥有了“中国地质学会学术年会”“世界地球日”“全国青少年地学夏令营”“黄汲清奖”“金、银锤奖”“金罗盘奖”“年度双十成果奖”《地质学报》（英文版）、中国地学期刊网等多项涉及学术会议、科普、人才与成果奖励、精品期刊等品牌项目，满足了广大地质工作者的需求，在全国地勘行业产生了广泛影响，极大地助力了学会工作的发展，大大提升了学会的社会形象和影响力。

中国地质学会秘书处

2017年10月

中央领导同志
为庆祝中国地质学会成立90周年的题词

中共中央政治局常委、国务院总理温家宝同志为中国地质学会成立90周年题词：

衷心祝贺中国地质学会成立九十周年。

温家宝

2012年8月8日

中共中央政治局常委、国务院副总理李克强同志为中国地质学会成立90周年题词：

值此中国地质学会成立90周年之际，谨致祝贺，并向广大会员和长期奋斗在一线的地质工作者表示诚挚问候。希望你们继续围绕现代化建设需要，充分发挥专业特长和桥梁纽带作用，不断深化地学研究，着力推动地质科技创新，为实现国内找矿重大突破、增强资源保障能力、支撑我国经济社会可持续发展作出新的贡献。

李克强

2012年8月16日

贺词、贺信

贺　信

中国地质学会：

值此中国地质学会成立九十周年之际，谨向你们表示热烈的祝贺！向中国地质学会的广大会员和全国地质科技工作者表示亲切的问候！

中国地质学会成立九十年来，在老一辈地质专家与学会领导的带领下，紧密团结广大会员和地质科技工作者，艰苦奋斗、开拓进取，学会的学术影响力、会员凝聚力、社会公信力得到不断提升，在学术交流、科学普及、人才举荐、国际合作等方面开展了大量卓有成效的工作，取得了丰硕成果，为推动我国地质事业的蓬勃发展作出了应有的贡献。

希望中国地质学会以建会九十周年为契机，深入贯彻落实科学发展观，按照中国科协“三服务一加强”的要求，锐意进取，开拓创新，进一步推动学会工作全面发展，为大力提升我国地质科学的研究水平和能力，为建设地质科技强国，实现全面建设小康社会的宏伟目标作出新的更大贡献！

中国科学技术协会

2012 年 9 月 29 日

中国科学技术协会贺词

贺中国地质学会成立九十周年

加强地质科技创新

提高科技支撑能力

白春礼

二〇一二年五月十五日

白春礼贺词

加强地质科技创新，

实现地质找矿重大突破。

衷心祝贺中国地质学会

成立九十周年

徐绍史

11/10-12

徐绍史贺词

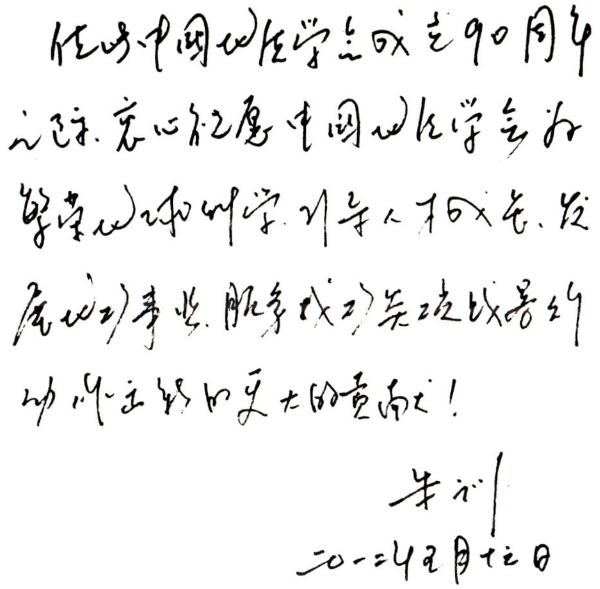

朱训贺词

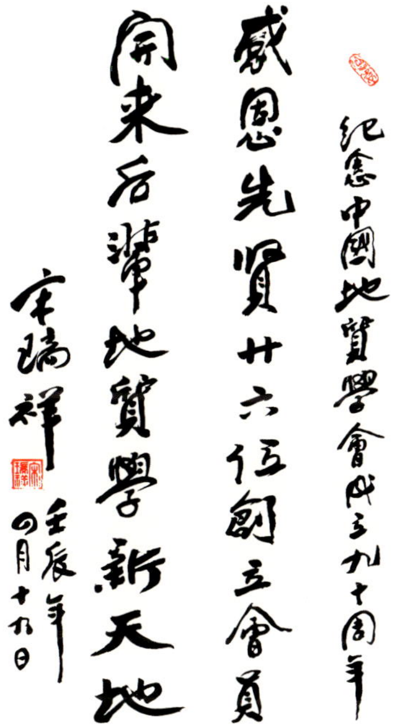

宋瑞祥贺词

孙文盛贺词

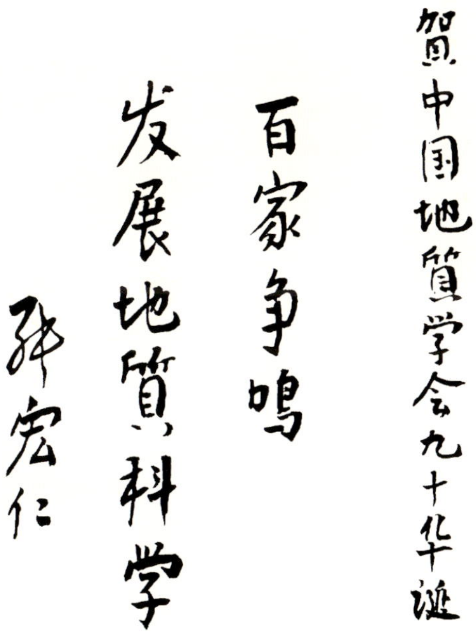

张宏仁贺词

祝贺中国地质学会
成立90周年纪念

“近路不走走远路，
平路不走走山路”；
不怕山高路远，
要走别人没走过的路！

陈梦熊
2012.6.20.

陈梦熊贺词

九十年来，学会在组织横向学术交流，团结全国地质界同仁，推动和促进地学发展，都做出了重大的贡献。

祝贺
中国地质学会九十周年纪念

沈其韩
二〇一二年五月

沈其韩贺词

中国地质学会建会九十年来，团结广大会员，为地质科学发展、为国家经济和社会发展、为促进国内学术交流、为促进国际学术交流合作，做出了杰出贡献。展望未来，中国地质学会必将在我国从地质大国向地质强国发展的历史进程中，发挥不可替代的关键作用。

孙枢
2012年6月

孙枢贺词

中国地质学会在曲折而光辉的道路上走过了九十个年头。在九十年的光辉历程中，中国地质学会团结地质界的广大同仁，在建言献策、地质事业开展、国内外地质科技合作交流、普及地球科学知识以及培养地质人才等方面，都成绩卓著，贡献巨大。愿继承光荣传统，深谋远虑，为实现地质找矿重大突破，为把我国建成地质强国，继续做出更大贡献！

热烈祝贺中国地质学会九十周年

李廷栋
二〇一二年八月　日

李廷栋贺词

祝中国地质学会在地质科学领域取得更大成绩，为祖国做出更大贡献。

——贺中国地质学会成立九十周年

中国工程院院士　刘广志

二〇一二年六月二日

刘广志贺词

热烈祝贺中国地质学会成立九十华诞

继承优良传统，

发挥组织和科技人才优势，

为发展地质科学、

为缓解资源环境瓶颈、

为实现中华复兴、

建成一流强国奋斗！

陈毓川　二〇一二年七月

陈毓川贺词

凝聚一流地质人才

发现更多矿产能源

中国地质学会成立九十周年

邱中建贺

二〇一二、六、

邱中建贺词

目录 Contents

壹

第一部分

组织建设

第十一次全国会员代表大会在京召开选举产生第 39 届理事会

2011 年 11 月 1 日，中国地质学会第十一次全国会员代表大会在北京召开。会议全面总结了中国地质学会第 38 届理事会工作，选举产生了第 39 届理事会。时任国土资源部部长、党组书记、国家土地总督察徐绍史当选中国地质学会第 39 届理事长，孟宪来等 13 人当选副理事长、朱立新当选秘书长，选举产生常务理事 29 名、学会负责人 15 名。在第 39 届理事会第 1 次常务理事会议上通过了孟宪来任常务副理事长和聘任 16 名学会副秘书长的决定。

徐绍史理事长出席会议并做重要讲话

汪民副部长代表国土资源部致辞

中国科学技术协会党组成员、学会学术部部长沈爱民致辞

孟宪来常务副理事长做工作报告

吴淦国副理事长主持会议

徐水师副理事长代表地勘行业发言

王京彬副理事长做《章程》修改说明

闫学义副理事长宣读决定

常旭副理事长宣读选举办法

朱立新秘书长做财务报告

邓晓颖代表学会会员发言

会议通过了第 38 届理事会《工作报告》《学会章程》《财务报告》，以及第 39 届理事会工作任期目标。会议表彰了“中国地质学会第 13 届青年地质科技奖”、第 38 届理事会先进集体和先进工作者，授予了任纪舜、闫学义、吴淦国、茹克、蔡希源 5 位中国地质学会“名誉理事”称号。

中国地质调查局、中国煤炭地质总局、有色金属矿产地质调查中心、中化地质矿山总局、中国冶金地质总局、中国石油化工股份有限公司、中国核工业地质局、中国建筑材料工业地质勘查中心、中国人民武装警察部队黄金指挥部、建设综合勘察研究设计院有限公司、中国有色金属学会、中国土地学会、中国地理学会、中国地球物理学会、中国地震学会、中国水土保持学会、中国空间学会、中国测绘学会、中国观赏石协会、中国矿业联合会地质勘查协会等向大会发来贺信、贺电。

徐绍史理事长为中国地质学会第 13 届“青年地质科技奖”获得者颁奖

中国地质学会领导为第 38 届理事会先进集体、先进工作者颁奖

钟自然接任中国地质学会理事长

2016年7月，徐绍史理事长因工作原因，提出辞去中国地质学会理事长一职。经国土资源部党组推荐、中共中央组织部和中国科学技术协会批准、中国地质学会第39届理事会第九次全体理事民主选举，国土资源部党组成员、中国地质调查局局长、党组书记钟自然同志接任中国地质学会第39届理事会理事长。

定期组织召开常务理事会议

在第39届理事会期间，中国地质学会严格按照学会《章程》规定，定期召开常务理事会议，制定本会发展规划，对重大事宜研究、审议和审批等。如：审批学会年度工作计划，决定各分支机构负责人和人员组成，向国家、中国科学技术协会等部门推荐重大学术成果和优秀人才，决定学会表彰和奖励事项，审定内部管理制度等。本届共组织召开常务理事会议37次，有力推动了学会各项工作的顺利开展。

定期组织召开秘书长会议

在第 39 届理事会期间，各位秘书长认真履行工作职责，定期组织召开秘书长会议，执行常务理事会决议，制定学会年度工作计划，审议分支机构换届，审定学会内部管理制度和表彰奖励等。在朱立新秘书长的主持下，本届共组织召开秘书长会议 29 次，保障了学会工作的有序开展。

组织召开分支机构和省级地质学会秘书长工作会议

每年例行的分支机构和省级地质学会秘书长工作会议成为秘书长们交流的平台，对上一年工作进行总结、新一年的工作进行部署的同时，大家分组讨论、广泛交流经验，表彰先进并颁奖。2015 年，科学传播专家团队首次亮相工作会议，8 支专家团队分别介绍了各自团队的工作思路及成绩。

学会2016年省级学会、分支机构秘

2013年度 分支机构 省级地质学会 秘书长工作会议暨科普工作会议

4年度分支机构、省级地质学会

地质学会2015年省级地质学会分支机构秘书长工作会议

秘书长谈学会工作新思路：主动作为抢机遇 谋划未来促发展

中国矿业报记者就“学会如何提升服务科技工作者和会员的能力、提升服务科技创新能力、提升服务社会和政府的能力、提升自身凝聚力和自主开展工作的能力”等话题，采访了中国地质学会秘书长朱立新。他表示，中国地质学会作为我国地球科学领域最大的学术团体，肩负着历史赋予地质行业的重任，要认真履行党和政府联系地质科技工作者桥梁和纽带的职责，进一步激发和调动地质科技工作者的积极性、创造性，努力发挥学会跨地区、跨部门、跨行业和人才荟萃的优势，以建设学术交流主渠道、科普工作主力军、科技工作者之家为载体，切实增强学会的学术影响力、会员凝聚力、社会公信力和自主发展能力，更好地服务于广大会员和会员单位，为服务社会管理创新、承接政府转移职能做好准备，力争在实施创新驱动发展战略方面有新思路、在服务地质科技工作者方面有新进展。

督促指导分支机构、省级地质学会工作

孟宪来常务副理事长等领导到四川省、江西省地质学会视察指导工作

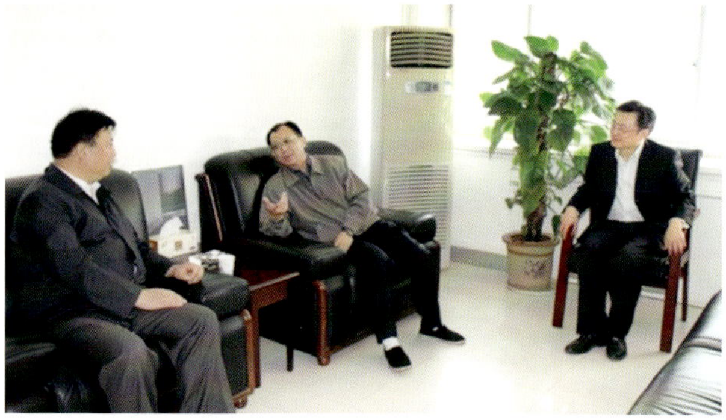

中国地质学会专职副秘书长郝梓国前往安徽省地质学会调研

朱立新秘书长出席贵州省地质学会青工委成立大会

成立中国地质学会咨询委员会

2014 年，为进一步做好学会工作，发挥院士、专家的咨询作用，成立了由 31 位院士、专家组成的中国地质学会咨询委员会。中国科学院院士孙枢担任主任委员，中国地质学会常务副理事长孟宪来、中国科学院院士李廷栋和马永生 3 人担任副主任委员，委员由 27 位地勘行业的院士、专家、学者担任。

主任委员

孙 枢
中国科学院 院士

副主任委员

马永生 中国工程院 院士	李廷栋 中国科学院 院士	孟宪来 常务副理事长

委 员

王成善 中国科学院 院士	王铁冠 中国科学院 院士	戎嘉余 中国科学院 院士	朱日祥 中国科学院 院士
朱立新 秘书长 研究员	多 吉 中国工程院 院士	刘丛强 中国科学院 院士	刘嘉麒 中国科学院 院士
许志琴 中国科学院 院士	孙龙德 中国工程院 院士	杨文采 中国科学院 院士	汪集旸 中国科学院 院士
张培震 中国科学院 院士	陈运泰 中国科学院 院士	陈 骏 中国科学院 院士	陈毓川 中国工程院 院士
林学钰 中国科学院 院士	金之钧 中国科学院 院士	周忠和 中国科学院 院士	郑永飞 中国科学院 院士
赵文智 中国工程院 院士	莫宣学 中国科学院 院士	殷鸿福 中国科学院 院士	康玉柱 中国工程院 院士
彭苏萍 中国工程院 院士	舒德干 中国科学院 院士	翟明国 中国科学院 院士	

（按姓氏笔画排序）

增选学会副秘书长，加强民主办会

2012 年 2 月 28 日，经中国地质学会第 2 次常务理事会议批准，中国核工业地质局陈国胜接任简晓飞为中国地质学会第 39 届理事会副秘书长。2013 年 1 月 6 日，经中国地质学会第 39 届理事会第 6 次常务理事会议（通讯）批准，中化石油勘探开发有限公司宗国洪任中国地质学会第 39 届理事会副秘书长。2014 年 6 月 27 日，经中国地质学会第 39 届理事会第 13 次常务理事会议（通讯）批准，中国地质调查局科技外事部副主任何庆成接任连长云为中国地质学会第 39 届理事会副秘书长。2015 年 12 月 17 日，经中国地质学会第 39 届理事会第 22 次常务理事会议（通讯）批准，中国石油天然气股份有限公司勘探与生产分公司刘德来接任姚超为中国地质学会第 39 届理事会副秘书长。

积极组建新的分支机构，推动学会学科建设

学会分支机构是学术组织的重要组成部分，学会为适应地质学科的发展趋势，推动地质学领域学科建设，先后组建了地热专业委员会、纳米地质专业委员会、非常规油气地质专业委员会、妇女工作委员会、境外地质研究分会、化石保护研究分会、核地质专业委员会、洁净煤专业委员会、矿山水防治与利用专业委员会，使学会的研究领域得到进一步扩大。学会二级机构从 2011 年的 48 个增加到目前的 57 个。

组织开展分支机构评估

按照 2013 年度工作安排分 3 批听取了分支机构 5 年来的工作汇报，各分支机构按照要求进行了充分的书面和多媒体准备，对近年来的工作进行了总结。中国科学技术协会朱雪芬副部长、中国地质学会孟宪来常务副理事长、朱立新秘书长等听取了工作汇报，并逐一点评，对分支机构存在的问题，下发了《整改通知书》。

徐绍史理事长为祝贺香港地质学会成立 30 周年题词

徐绍史理事长为祝贺香港地质学会成立 30 周年题词：“发展地学，服务香港”。朱立新秘书长受徐绍史理事长委托，于 2012 年 6 月 29 日专程赴港出席了庆祝活动。

发展地学
服务香港

中国地质学会理事长
徐绍史

朱立新秘书长等 3 人当选俄罗斯自然科学院外籍院士

2015 年 2 月 9 日，俄罗斯自然科学院外籍院士颁发证书仪式在京举行，中国地质学会秘书长朱立新、中国科学技术协会岩溶学首席科学传播专家蒋忠诚、中国科学技术协会地热学首席科学传播专家王贵玲当选俄罗斯自然科学院外籍院士。受俄罗斯自然科学院委托，由俄罗斯自然科学院外籍院士、中国地质大学（北京）教授沈照理为 3 人颁发证书。

朱立新秘书长、武强院士当选中国科学技术协会第九届全国委员会委员

2016 年 6 月 1 日，中国科学技术协会进行了第九届全委会委员的选举，朱立新秘书长、武强院士当选为中国科学技术协会第九届全国委员会委员，并于 6 月 2 日上午出席了中国科学技术协会第九届全国委员会第一次会议。

4 名代表出席中国科学技术协会第九次全国代表大会

2016 年 5 月 30 日，全国科技创新大会、两院院士大会、中国科学技术协会第九次全国代表大会隆重召开，中国地质学会朱立新、武强、杨志明、胡彩萍 4 名代表参加了此次大会。会议审议了中国科协八届全委会工作报告、《中国科学技术协会章程（修改草案）》《中国科协事业发展“十三五”规划（草案）》，深入讨论了《科协系统深化改革实施方案》落实举措等。

党建强会

成立中国地质学会新一届党支部

2013年7月，学会党支部按照院党委的要求，经全体党员投票选举产生了以郝梓国同志为书记，华丽娟同志、孟庆伟同志为支委的新一届党支部委员会。学会新一届党支部将按照院党委的统一部署，紧紧围绕服务地质科技、建设队伍两大任务，以创建学习型党组织、改进工作作风、发展党内民主、健全惩防体系为重点，切实加强思想建设、组织建设、作风建设和制度建设，团结带领全体干部职工以饱满的政治热情和良好的精神状态，充分发挥党支部的战斗堡垒和党员的先锋模范作用，深入开展群众路线教育实践活动，继续加强“党建强会”各项工作，加大支撑力度，提高服务能力，提升服务水平，促进学会建设成为支撑有力、作用明显的公共科技社团。

深入开展群众路线教育实践活动

2012年11月，中国地质科学院、中国地质学会团支部以“学习十八大精神　提高服务水平”及中国科学技术协会“党建强会”工作为纽带，组织青年职工赴平谷区石林峡开展主题教育活动。

加强学会能力建设

中国科协学会改革发展基础工程“办事机构职业化建设”项目取得阶段性成果

2013 年，中国地质学会申报了中国科协学会改革发展基础工程“办事机构职业化建设”项目并得到中国科协正式批准，项目实施总体规划于 12 月底前圆满完成。项目成果促使学会办事机构职业化建设迈入了一个新台阶，为今后学会的健康发展提供了良好基础。

项目组成员赴中国公路学会调研

强化管理，完善制度

学会按照党中央提出的“八项规定”和“反腐倡廉”的新要求，结合国家出台的一系列相关政策，制定、补充完善了《中国地质学会财务管理办法》《中国地质学会职工管理办法》《十大地质科技进展、十大地质找矿成果评选办法》等，这些办法和规定的完善及制定，对依法依规办会、规范学会工作发挥了很好的保障作用。

探索建立学会法律顾问制度

为全面推进学会依法办事能力水平和法治建设，2016 年 6 月 30 日，学会与北京市当代律师事务所签约，聘请了朱克飞、魏晶、吴耀风 3 名律师担任学会法律顾问，全权负责处理学会相关法律事宜，为学会提供法规政策咨询和法律专项服务。

全面落实“互联网+”信息化工作

改版学会和期刊网站，设计开发地学科普网站

为了不断满足广大会员日益增长的信息化服务需求，提高信息服务质量和效率，学会充分利用网络等新媒体快速传播的优势，不断完善中国地质学会网站、中国地学期刊网，陆续开发设计并完成了中国地学科普网站、中国地质学会会议注册系统、中国地质学会会员管理系统及中国地学奖励网页的信息化建设工作；开通了中国地质学会官方微信和珠宝玉石微博、微信，及时推送了学会重要信息，解答了公众关切的热点问题。学会网站累计点击量超过 150 万次，地学期刊网累计点击量超过 2500 万次，期刊网上传论文数达 3500 篇。新媒体的应用大大增强了学会宣传的效果。

设计开发手机 APP 客户端，开通官方微信公众平台

自主研发安卓系统手机 APP 客户端，包含学术交流、科普宣传、人才奖励、新闻中心、会议注册、缴费、参会报到、OA 系统及即时通讯等办公、宣传、服务等功能，既能满足学会日常办公、评审及各类会议的工作需求，又能使会员随时随地了解和参与学会各项工作，实现学会与会员实时互动。手机 APP 客户端的设计开发是学会拓展科普新途径的具体措施，是推动管理信息化的新途径。

2014 年，中国地质学会官方微信公众平台正式开通，加强了学会与会员、与地质科技工作者的紧密联系。

推进会员信息化管理工作

2012 年、2014 年分别在北海、福州举办了会员管理系统培训班，中国科学技术协会会员管理系统的研发人员对系统的基本操作和改版升级内容做了详细的讲解和演示。培训班上，参会代表上机操作，老师现场答疑。

建成会员数据库

经过努力，中国地质学会会员数据库建成，个人会员达 60000 余人，并开通了在京会员发展渠道，拓宽了学会为会员服务的领域。

成果出版取得新进展

注重原创，提高内部刊物质量

第39届理事会期间，学会加强了《会讯》《情况通报》的出版工作，报送信息数量和编辑质量都得到了大幅度提高。《会讯》从2011年4期增加到6期，情况通报从29期增加到49期。编印了《中国地质学会年报》，及时对每年工作进行总结、展示。

在中国地质学会成立九十周年之际编印《纪念文集》，制作纪念邮折。

编辑出版《年度双十成果》，编印《获奖者简介》

学会每年开展年度“十大地质科技成果”和“十大地质找矿成果”的评选工作，并编辑出版《年度中国地质科技进展与地质找矿成果汇编》。

在开展各大奖项评选的同时，编印《获奖者简介》。

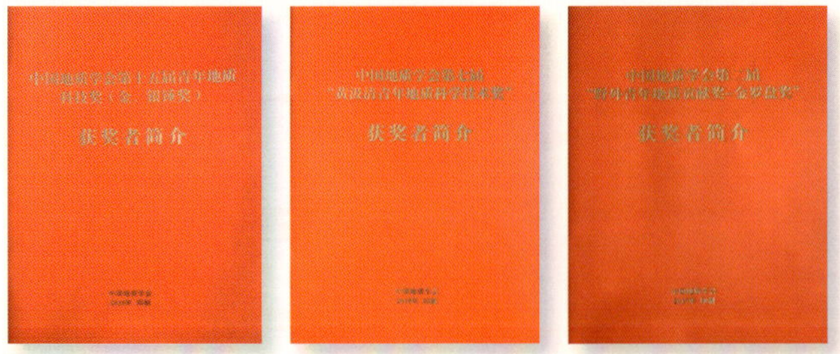

社会媒体给予高度关注

第39届理事会期间，学会广泛利用社会媒体报道中国地质学会工作成果，扩大其影响力。围绕落实找矿突破行动、“双十”评选、“黄汲清青年地质科学技术奖”评选、世界地球日、夏令营等活动，在《中国国土资源报》《中国矿业报》、部（局、院）网站，以及中国科学技术协会网站、北京电视台等新闻媒体上进行宣传报道。

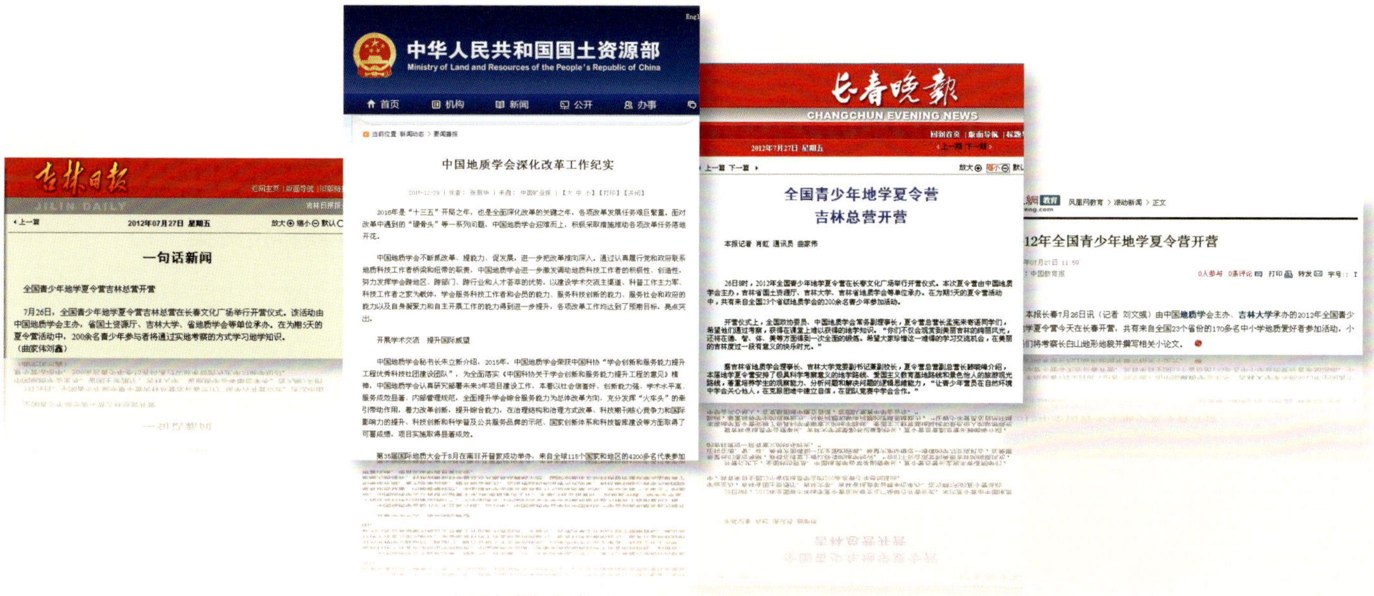

获得荣誉

荣获“AAAA 级社会组织”称号

2013 年 1 月，民政部评估专家组通过对学会的基础条件、内部治理、工作绩效等进行实地考察与评估，授予中国地质学会“AAAA 级社会组织”称号。此次“AAAA 级社会组织”称号的授予，充分肯定了学会在社团建设过程中所做的努力及在推动中国地质行业发展上所取得的成就；学会将以此为契机更好地为广大会员服务，加快发展步伐，促进资源科学创新，为地质事业发展作出更大贡献。

荣获中国科协“学会创新和能力提升工程优秀科技社团”称号

2015 年 9 月 17 日，中国科学技术协会召开了全国学会创新和服务能力提升工程优秀科技社团建设项目工作部署会议。会上，中国地质学会荣获中国科协技术协会颁发的“学会创新和能力提升工程优秀科技社团”，未来 3 年每年将获 200 万元的奖建经费，是中国科学技术协会所属的全国地质类学会中唯一获此殊荣的学会，充分表明学会的各项工作成绩得到了中国科学技术协会的充分肯定。

科普工作、财务管理工作连续受到表彰

2011—2016 年，我会连年被评为中国科学技术协会评为“全国学会科普工作优秀单位”“全国学会财务决算工作先进单位”。

荣获“国土资源部信息报送工作先进单位”等称号

2012 年、2014 年，中国地质学会两次荣获“国土资源部年度信息报送工作先进单位”称号，是部属学会协会组织中唯一获此殊荣的单位。荣获中国科协学会服务中心“2011 年度年检优秀学会”称号；荣获中国科学技术协会“2015 年度科协系统综合统计调查优秀单位”；荣获中国科协信息中心 “2016 卷《中国科学技术协会年鉴》优秀组织单位”。

个人荣誉

2017 年，秘书处副处长华丽娟荣获人力资源保障部、中国科协“全国科协系统先进集体先进工作者”（省部级）、“2016 年度中国地质科学院机关先进工作者”；专职副秘书长郝梓国荣获中国科学技术期刊编辑学会“金牛奖”，期刊处副处长章雨旭获“银牛奖”，并通过了中华人民共和国国家新闻出版广电总局关于“全国新闻出版行业领军人才 2016 年考核”；秘书处处长唐序被中国科学技术协会信息中心评为《中国科学技术协会年鉴（2016）》“优秀撰稿人”；期刊处副研究员刘恋荣获第八届中国科学技术期刊编辑学会“骏马奖”。

郝梓国

华丽娟

章雨旭

唐 序

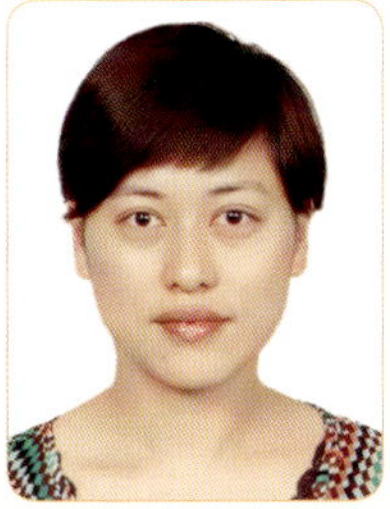
刘 恋

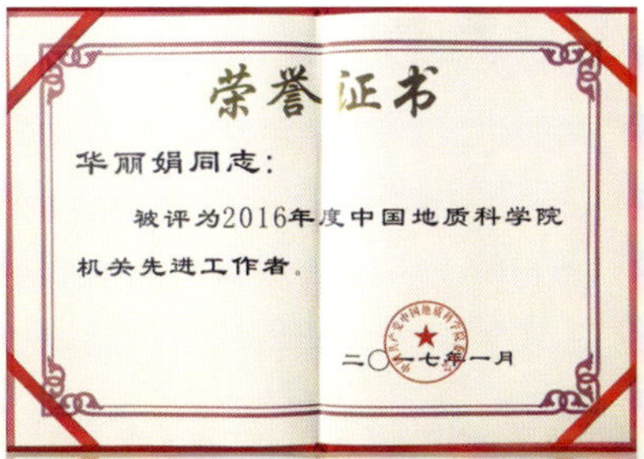

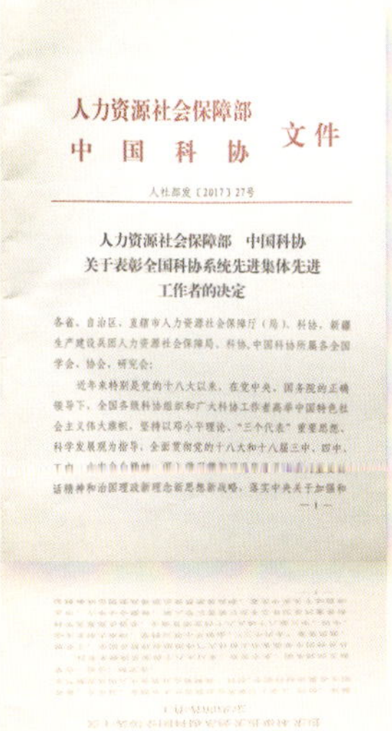

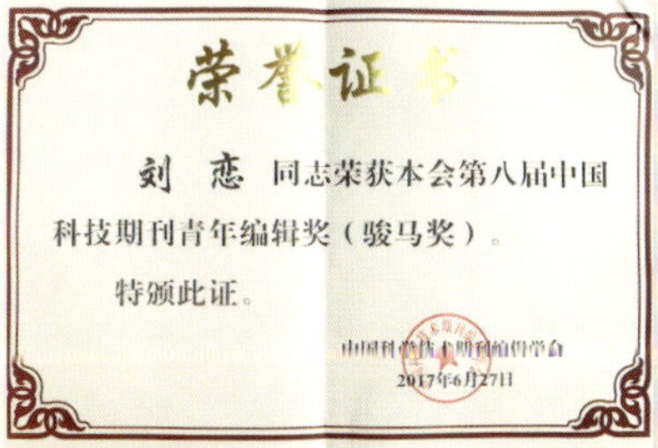

贰

第二部分

学术交流

组织参加第 34 届国际地质大会

2012 年 8 月 6 日，澳大利亚布里斯班会展中心，来自全球 110 个国家和地区的 5000 多名地质科学家齐聚一堂，参加在这里举行的第 34 届国际地质大会。中国地质代表团团长、时任中国国土资源部部长、中国地质学会理事长徐绍史做了题为“可持续发展中的中国地质学家的使命和责任”的主旨发言。中国地质代表团的积极参与，成为本次大会引人瞩目的亮点。大会收到中国专家、学者提交的论文摘要 800 余篇，300 余人做了口头报告。

组织参加第 35 届国际地质大会

2016 年 8 月 29 日—9 月 3 日，第 35 届国际地质大会在南非开普敦召开，来自全球 115 个国家和地区的 4200 多名代表参加了本届大会，交流展示了最新地球科学成果，共襄地球科学盛举。为提高我国地质科学技术研究成果的国际影响力，做好近五年中国地勘行业地质成果展示，经国土资源部批准，由中国地质学会组织全国地勘行业的 400 余名地学领域的科学家和科技人员组成中国代表团出席了本届地学盛会。

中国展台成为开普敦会展中心一颗璀璨的明珠，向世界全面展示了中国近 5 年地勘工作取得的成绩，展示了中国对地学科学发展和应用的最新贡献。各国参会代表和华人地质学家对中国地质研究成果兴趣浓厚，对中国地质学界在推动地学科技进步及中国经济健康可持续领域所取得的成绩给予了高度评价。

与此同时，中国代表团的“国内知名地质学家专家名录”、专业报告、地质图件、《地质学报》（英文版）、宣传片等，受到与会代表的好评。

中国地质学会的组织和宣传工作得到了国土资源部、中国地质调查局领导和中国参展代表的充分肯定。

中美开拓地学交流合作新模式

召开第一届中美地质学会联合学术会议

历时两年筹备，由中国地质学会、美国地质学会共同举办的“第一届中国地质学会与美国地质学会联合学术会议”于 2013 年 6 月 17—19 日在四川成都开幕，大会以“世界屋脊地球科学”为主题，包括世界屋脊——青藏高原大地构造演化、大陆变形与地质响应——东亚资源与灾害、环境变化与生命演化——地球化学与碳存储等三大议题，共开展沉积盆地与油气资源、水资源与水文地质、生命与地球历史上的关键过渡期、二氧化碳循环与储存、天然气水合物等 14 个专题的学术交流，两国地质学家还联合进行了涉及青藏高原、陆内变形与成矿及生物灭绝剖面的野外考察。参加本次会议的代表有 500 余人，其中，国内代表 400 余人，来自美国和海外的华人地质学家 160 余人。

中国与澳大利亚签署矿业合作备忘录

2012 年 8 月 7 日上午，参加第 34 届国际地质大会的中国地质代表团团长、国土资源部部长徐绍史，在悉尼会见了澳大利亚资源、能源和旅游部部长马丁 · 弗格森，双方就进一步加强矿业合作交换意见并签署了关于可持续矿业领域合作的谅解备忘录。

朱立新秘书长率团赴意大利出席首届“中意地球科学论坛”

2012 年 9 月 16—23 日，以中国地质学会秘书长朱立新为首的中国地质学会代表团参加了在意大利科森察省卡拉布里亚大学召开的首届“中意地球科学论坛”。该论坛由青年工作委员会和意大利地质学会青年分会联合举办，以“中国和地中海地区的矿床对比及地质演化”为主题，来自中国、意大利两国的近 50 名代表参加了会议。

会议期间，中国地质学会秘书长朱立新分别与意大利地质学会主席 Carlo Doglioni、意大利国家地质学家委员会主席 Gian vito Graziano 举行了正式会谈，详细介绍了中国地质学会的基本情况、中国地质研究工作的现状，并就两国未来可能合作的领域进行了深入探讨。会后，中国代表团参观了卡拉布里亚大学自然科学学院化学实验室及古生物博物馆，考察了西西里岛活火山。

华人地质学家共话地质科学

召开第七届世界华人地质科学研讨会

2013 年 6 月 14—15 日，由中国地质学会主办的第七届世界华人地质科学研讨会在四川成都召开，来自中国香港、澳门和台湾地区及世界各地的近 300 位华人地质学家参会分享了最新的地学研究成果。自 1999 年中国地质学会联合世界各地华人地学组织召开第一届中国内地、香港、澳门和台湾地区及世界华人地质科学讨论会以来，已在美国旧金山，我国香港、台湾、南京、赤峰等地召开 6 届研讨会。

召开第八届世界华人地质大会

2015 年 6 月 14—18 日，由中国地质学会和中国台湾“中央研究院地球科学研究所”联合主办的第八届世界华人地质大会于中国台湾省台北市召开。中国地质学会孟宪来常务副理事长、朱立新秘书长出席本次会议。来自中国内地、香港、澳门和台湾地区及海外华人地质学家共 300 余人出席了会议，其中大陆代表 200 余人。大会开幕仪式上，孟宪来常务副理事长做了“当代中国地质科学发展与展望”的主旨演讲，受到了与会代表的一致好评。朱立新秘书长在“岩石学、矿物学与地球化学”主题分会场上做了“多维异常体系在矿产勘查中的应用”的专题报告。孟宪来常务副理事长与朱立新秘书长还参加了会议组织的“火山活动地质遗迹”野外考察。

地学界的盛会——中国地质学会学术年会

中国地质学会学术年会是我会的一项品牌学术活动，每两年召开一次，是跨部门、跨行业、跨专业的学术交流盛会，是为广大地质科技工作者提供的一个学术交流平台。每届年会根据主题设置主会场及分会场，编印年会论文集，评选优秀论文，设立地质设备、仪器、产品展览区，组织会后野外考察路线。年会参会人数连年增长，在地学界深受欢迎。

2011年学术年会

中国地质学会2011年学术年会
2011 Conference of Geological Society of China
支撑 引领——为实现地质找矿重大突破服务
中国地质学会

● 主会场

● 分会场

期刊在推动科技创新中的引领作用分会场
中国地质学会2011年学术年会
2011 Conference of Geological Society of China
勘查地球化学理论与技术分会
地质与城市化分会场
全国固体矿产勘查方法与技术分会场
陆块聚散过程分会场

● 野外考察

● 展览及论文摘要汇编

2013 年学术年会

中国地质学会2013年学术年会
2013 Conference of Geological Society of China
推动地质科技创新 支撑找矿突破实践 服务美丽中国建设
主办单位：中国地质学会
中国 · 云南 2013年10月

● 主会场

● 分会场

固体矿产勘查理论与技术方法研讨会

背景、机制与标志分会

西北地区重要成矿带成矿规律与找矿突破分会场

境外矿产资源勘查研讨会分会场

尾矿（铁矿、铜矿、金矿及煤矸石等）综合利用培训班分会场

矿山地质环境防治研讨会分会场

地质科学普及工作委员会研讨会暨第七届委员会换届会分会场

地质科技期刊办刊经验交流研讨会分会场

资源与环境地球物理勘查理论与方法技术分会场

石油天然气、非常规能源勘探开发理论与技术分会场

● 野外考察

● 展览及论文摘要汇编

2015 年学术年会

● 主会场

分会场

境外地质矿产研讨
第十二届全国勘查地球化学学术讨论会暨勘查地球化学理论与技术研讨分会场
纳米地质与成藏成矿学术研讨会分会场
大数据技术及其地质应用分会场
物理专业委员会学术年会分会场
非金属矿产地质专业委员会2015年学术年会分会场
质与环境演变分会场
丝绸之路经济带地质环境与生态
"定量地学研究与发展"研讨会分会场
岩溶地下水污染调查评价研讨会
煤炭开采地质条件精细探查技术与装备

● 野外考察

● 展览及论文摘要汇编

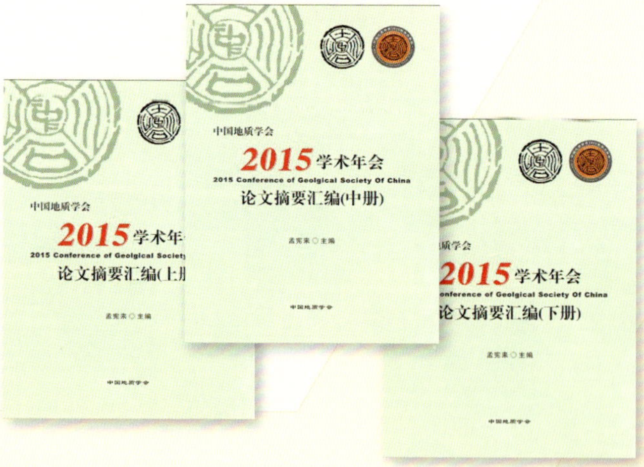

2017 年学术年会

中国地质学会
2017年学术年会
2017 Conference of Geological Society of China
推动地质科技创新 助力绿色经济发展

● 主会场

● 分会场

● 野外考察

● 展览及论文摘要汇编

国际地学组织开启崭新历程

国际地质科学联合会常设秘书处迁址中国

2012 年 12 月 11 日，国际地质科学联合会秘书处迁址中国，其揭牌仪式在北京举行。时任国土资源部部长、中国地质学会理事长徐绍史与国际地质科学联合会主席罗兰德·奥博汉斯利共同为秘书处揭牌。

徐绍史、奥博汉斯利为秘书处揭牌

勇于担当 开拓创新 为实现找矿突破做贡献

召开中国地质学会首届找矿突破战略行动青年论坛暨青年工作委员会成立大会

国土资源部副部长汪民讲话

2012年“五四”青年节之际，中国地质学会首届找矿突破战略行动青年论坛暨青年工作委员会成立大会在北京举行。中国地质学会青年工作委员会在会上向全国青年地质工作者发出了积极投身找矿突破战略行动的倡议。来自全国各省（自治区、直辖市）地勘行业各部门科研与生产一线的科学家、青年地质工作者齐聚一堂，共同围绕找矿突破战略行动展开讨论，建言献策。

● **青年代表发言**

举行“马塔切纳青年优秀论文奖”颁奖仪式

2012 年 6 月 7 日，中国地质学会在京举行了“马塔切纳青年优秀论文奖”颁奖仪式。孟宪来常务副理事长、孙枢院士、邱中建院士为由中国地质学会推荐的“马塔切纳青年优秀论文奖”第三届至第七届获得者代世峰、李振清、刘焰、丰成友、张作衡、席明杰颁发证书和奖金。

联合主办 2012 年海峡两岸地质灾害防治学术研讨会

2012 年海峡两岸地质灾害防治学术研讨会在厦门召开，共有来自台湾海峡两岸各高等院校、科研院所、地勘单位的 120 余名代表参会，其中近 20 名代表来自我国台湾地区。会上，18 位来自海峡两岸的专家、学者分别做了主题发言。发言主题涵盖了大陆和台湾地质灾害热点地区的众多防治案例。会议期间，专家、学者们还实地考察了漳州滨海火山国家地质公园。

主办找矿突破高峰论坛暨首届中国·内蒙古矿业国际博览会

2012 年 8 月 17 日，由中国地质学会、中国国际经济技术合作促进会、中国国际贸易促进委员会内蒙古自治区委员会、内蒙古自治区地质学会联合主办的找矿突破高峰论坛暨 2012 首届中国·内蒙古矿业国际博览会在内蒙古国际会展中心正式举行，近 300 人参加。论坛暨博览会开幕式由朱立新秘书长主持，全国政协委员、常务副理事长孟宪来，内蒙古自治区国土资源厅副厅长陈伟，内蒙古自治区科协党组书记、副主席白宝玉分别在开幕式上致辞，5 位专家、院士做大会主题报告。

主办深部钻探及新技术推广应用培训班

由中国地质学会主办、探矿工程专业委员会承办、安徽省地质学会等单位协办的深部钻探及新技术推广应用培训班于 2012 年 12 月 14—17 日在合肥成功举办。培训班上，朱立新秘书长讲话并强调，这次培训班的举办，必将进一步推动钻探科技水平再上一个新台阶，促进资源勘探技术水平的提升，推动实现重大找矿突破，希望地质工作继续为我国经济、社会和环境协调发展做出新贡献。 12 月 17 日，组织培训班学员深入到庐枞 3000 米科学深部钻探施工现场进行考察、观摩，与施工技术人员进行现场交流、学习。60 余家单位的150 余名学员参加了培训，并取得了结业证书。

举办“新观点新学说学术沙龙”中国科协学术交流资助类项目

2014 年 10 月 25—26 日，由中国科学技术协会主办，中国地质学会青年工作委员会承办，中国科学院老科学技术工作者协会协办的以“观念与创新：非常规地质”为主题的第 93 期“新观点新学说学术沙龙”在北京成功举行。中国科学技术学会学术部副部长刘兴平，中国地质学会秘书长朱立新、专职副秘书长郝梓国等出席了沙龙活动。

沙龙由中国工程院院士、中国地质科学院研究员赵文津，中国工程院院士、西藏自治区国土资源厅总工程师多吉，中国地质大学（北京）教授张金川共同担任领衔科学家；来自高校、科研院所、企事业单位的侯连华、姜振学等 13 位专家做了重点发言或主题发言；包括非常规油气、地热能及干热岩、非常规资源及行星地质等多个学科的 50 余位专家、学者参加了沙龙讨论。

第三部分

人才举荐及成果评选

组织“黄汲清青年地质科学技术奖”评选

黄汲清是新中国地质事业的重要开拓者和奠基人之一。“黄汲清青年地质科学技术奖”设立于2001年，根据《章程》规定，每两年评选一次，分为“黄汲清青年地质工作者奖”“黄汲清青年地质科技研究者奖”和“黄汲清青年地质教师奖”。奖项的设立旨在鼓励年龄在45周岁以下，在地质科学领域做出创造性的科学成就或在地质勘查及地质教育等工作中做出突出贡献的青年地质工作者。

2012—2016年，共进行了3届“黄汲清青年地质科学技术奖”的评选活动，共有44位来自地质勘查、科研和教学领域的青年工作者获此殊荣。

组织“青年地质科技奖（金、银锤奖）”评选

“青年地质科技奖”于1989年设立，旨在表彰从事地质科技工作并做出突出成绩、年龄在40岁以下的青年科技工作者，每两年评选一次，每次评选50名，其中，“金锤奖”10名，“银锤奖”40名。

2013—2017年，共组织进行了4次“青年地质科技奖”评选活动，共有30人获得“金锤奖”，120人获得“银锤奖”。

开展“十大地质科技进展”与“十大地质找矿成果”评选

为了更好地总结年度地质科技进展与重大找矿成果，在全行业介绍地质找矿成功案例，推广地质找矿新思路、新方法，加快科技成果的转化与应用，自2007年开始评选年度“十大地质科技进展”与“十大地质找矿成果”。2011—2016年，已有120项成果获此殊荣，不断提高了地质行业的社会关注度。

设立“中国地质学会野外青年地质贡献奖——金罗盘奖”并组织评选

2014 年，为鼓励青年人扎根基层，在野外一线建功立业，中国地质学会联合国土资源部地质勘查司、科技与国际合作司、人事司共同设立了“中国地质学会野外青年地质贡献奖——金罗盘奖”。分别于 2014 年、2016 年进行了两次评选，共有 200 名来自基层地勘一线的地质科技工作者获奖。

设立“中国地质学会优秀女地质科技工作者奖”并开展首届评选工作

2017 年，为表彰奖励在地学科研和生产领域取得重大和创新性科技成果的女性地质科技工作者，中国地质学会决定设立“优秀女地质科技工作者奖”，每两年评选一次，每次不超过 10 名。2017 年 10 月，开展了首届评选工作，评选出 10 名获奖者。

韩贵琳

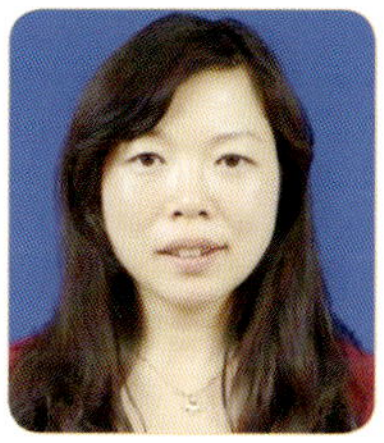
范宣梅

苏 文

张 虹

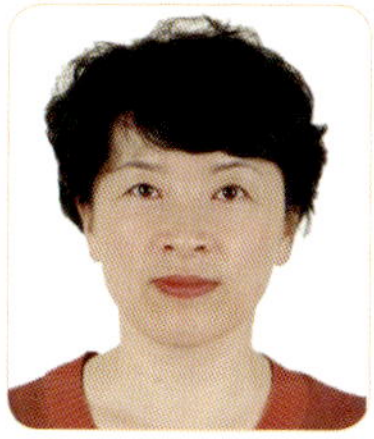
张 筠

龙灵利

张 彤

胡彩萍

王寒梅

史 云

（排名不分先后）

两院院士、“国家自然科学奖”推荐

向中国科学技术协会推选两院院士候选人

2015 年两院院士推荐制度改革后，中国科学技术协会所属学会成为唯一的单位推荐渠道。2015 年、2017 年两次向中国科学技术协会推荐两院院士候选人 27 名，其中 26 人通过中国科学技术协会评审成为两院院士的有效候选人。2017 年，我会推荐 1 人进入中国工程院院士增选第二轮。

获“国家自然科学奖”直接推荐单位

为深入贯彻全国科技创新大会精神，科技部国家科学技术奖励工作办公室对国家科学技术奖励工作进行了改革。中国科学技术协会在所属全国学会范围内择优推荐了中国地质学会等 10 家全国性学会，作为向国家科学技术奖励工作办公室直接推荐“国家自然科学奖”的单位，2016 年开展了首次“国家自然科学奖”的推荐工作。

推荐“全国优秀科技工作者”

杨华、侯增谦、郭旭升荣获第五届“全国优秀科技工作者”；石建省、张招崇、董连慧荣获第六届“全国优秀科技工作者”；王贵玲、郭颖、谢玉洪荣获第七届“全国优秀科技工作者”。

杨　华

侯增谦

郭旭升

石建省

张招崇

董连慧

王贵玲

郭　颖

谢玉洪

荣获多项“国土资源科学技术奖”

2012-2017 年，中国地质学会推荐 50 个项目成果参与评选“国土资源科学技术奖”，有 41 个项目获奖，其中，一等奖 6 项。

推荐“光华工程科技奖”候选人

2014 年 6 月，中国地质学会推荐的中国石油勘探开发研究院朱光有博士获得第十届“光华工程科技奖”青年奖。

推荐王猛当选世界青年地球科学家（YES）联盟主席

我国青年地质工作者王猛当选新一届世界青年地球科学家（YES）联盟主席，本届主席任期从 2012 年 8 月—2014 年 8 月，最多可连任两届。

这是我国青年地质工作者第一次担任该机构主席，也是该机构最年轻、亚洲唯一的执委。他的参与，一方面可以培养我国青年地球科学领域人才，引导我国青年“走出去”，站到国际平台去锻炼自己；另一方面，可以表达我国青年地质工作者、青年科学家在国际环境中的声音，增强我国在地球科学领域的未来影响力。

第四部分

科学普及

积极践行地学科普

中国地质学会作为全国地勘行业的学术性群众团体，肩负着向社会公众传播科学方法、科学思想与科学精神的重任。五年来，中国地质学会高度重视科普工作，在中国科协、国土资源部、中国地质学会第 39 届理事会的领导下和各省级地质学会、分支机构的大力支持下，坚持从实际出发，以国务院《全民科学素质行动计划纲要》为统领，认真贯彻落实《“十二五”规划纲要》，注重吸纳社会资源，不断健全和发展科普工作激励机制，积极探索将学术交流与科普活动有机结合的新途径，有效地推动了地学科普工作和地学文化建设；发展、锻炼和培养了一批科普宣传队伍，开展了首批科学传播专家团队和个人的评选，推出了知名科普专家；创立了科普平台，实现了与公众的无缝对接，为提高全民科学文化素质做出了贡献。

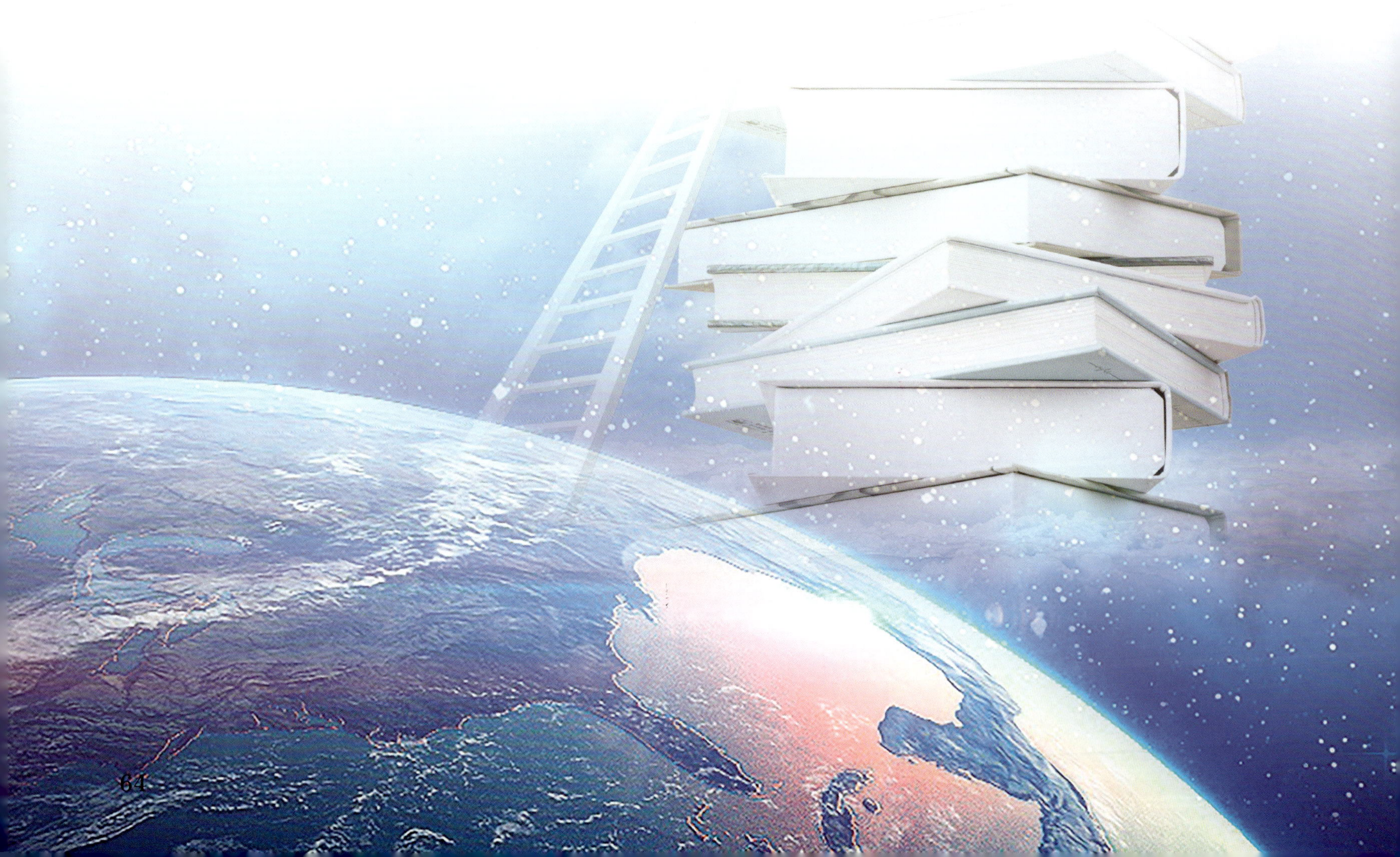

举办全国青少年地学夏令营

全国青少年地学夏令营是中国地质学会科普工作的品牌活动，始办于1981年，每两年举办一次总营活动，全国各地青少年参与其中，至今已连续举办30余年。夏令营期间，通过带领营员实地考察地质遗迹、地质现象，邀请专家实时授课，辅导营员撰写地学小论文等活动，提高青少年的地学知识。

近年来，学会夏令营走过内蒙古、吉林、山东等地，在带领青少年了解和学习地学知识的同时，增长了他们的见识，广受全国青少年好评。

2012年全国青少年地学夏令营——吉林

2014 年全国青少年地学夏令营——山东

2016 年全国青少年地学夏令营——宁夏

编印夏令营《活动纪实》

开展“4·22 世界地球日”科普活动

“世界地球日”也是中国地质学会品牌科普活动之一，每年的 4 月 22 日前后，学会围绕当年活动主题，结合当前地学热点问题，创新活动方式，采取通俗易懂、公众喜闻乐见的形式，开展系列科普活动。

首都高校大学生主题演讲比赛

首都高校大学生演讲比赛是为庆祝“世界地球日”开展的活动，组织在京各大高校学生围绕地球日主题展开演讲，至今已举办 4 届，已有北京大学、中国地质大学（北京）等 10 余所高校参与其中。

北京大型公益科普宣传专场

每年4月22日，中国地质学会组织在京科学传播专家团队、分支机构、理事单位，并联合多家兄弟学会等，结合当前地学热点问题及公众关心的地质知识，在北京举办大型科普宣传活动，与现场参观市民互动交流地学科普知识，深受广大公众的欢迎。

组建科学传播专家团队

中国地质学会积极响应中国科协号召，于2014年组建分属12个地学学科的12支科学传播专家团队，12支团队团长均被中国科协聘任为首席专家。专家团队成立近两年来，在各自首席专家、团长的带领下，充分发挥自身领域优势，多次开展“科普进社区、进校园”活动，以展览、讲座、授课等多种形式向不同受众群体开展科普宣讲工作。

地貌学及
第四纪地质学团队
首席专家：李长安

地下水资源合理利用
与污染防护团队
首席专家：石建省

珠宝玉石团队
首席专家：郭颖

自然环境变迁与
古脊椎动物的衍化团队
首席专家：王章俊

生物演化与地史学团队
首席专家：金利勇

矿山安全团队
首席专家：武强

地热资源开发利用团队
首席专家：王贵玲

页岩气团队
首席专家：包书景

地质灾害科技减灾团队
首席专家:殷跃平

岩溶及洞穴团队
首席专家：蒋忠诚

山区城镇地质环境保护团队
首席专家：黄润秋

3S技术与地学团队
首席专家：陈建平

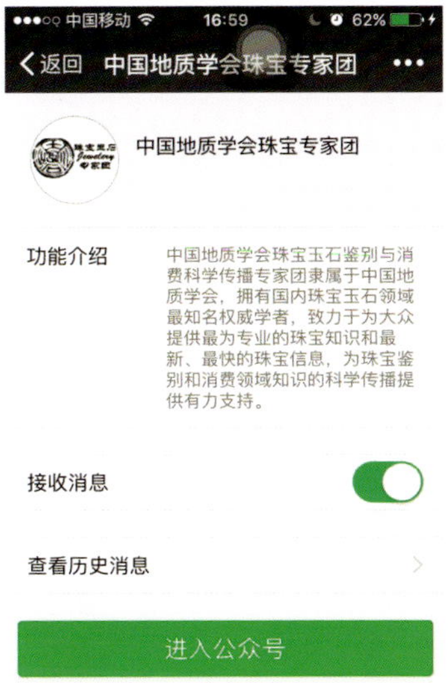

珠宝玉石专家团队开通的“珠宝玉石微信公众平台”，每日推送原创科普文章，粉丝量累计 17 万，年阅读量达 100 余万。

地质灾害科技减灾科学传播专家团队在首席专家的引领下，以地球日、防灾减灾日等纪念日为抓手，开展科普进社区、进校园、进青海灾区等活动，建成地质灾害科普网站，其原创动漫“五步避险法”获科技部“2015 年全国优秀科普微视频作品奖”。

古生物演化与地质学科学传播专家团队坚持多元化科普传播，办展览、开放博物馆、讲座等形式亮点纷呈，并在我会的支持下自主设计制作了“生命演化”系列动漫。

岩溶及洞穴科学传播专家团队首席专家蒋忠诚教授接受了中央电视科普栏目邀请，录制了“重庆金佛山喀斯特世界自然遗产地的特点及其成因”专题科普节目。

自然环境变迁及古脊椎动物衍化科学传播专家团队自主设计制作的“4D”电影“会飞的恐龙”，是中国首部用故事讲科学的“4D”科普影片，获得了科技部“2015 年全国优秀科普微视频作品奖”。

设计开发地学科普网站

2014 年，学会创新科普思路，充分利用网络、自媒体传播优势，设计开发了中国地质学会科普网站；同时，正式启动网上科普在线咨询。2015 年，设计搭建了独立域名的中国地学科普网站框架，并于 2016 年建成了我国第一个地学综合科普网站，利用网络传播速度快，覆盖面广等优势，使公众足不出户地认识地学、了解地学。

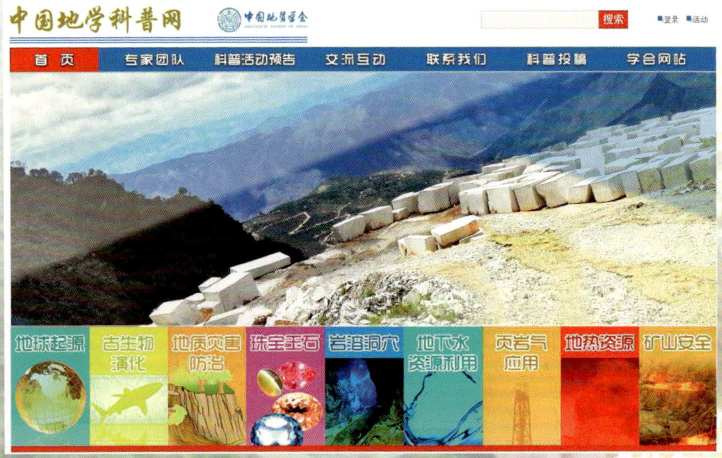

参加中国科协组织的科普活动

开展“全国科普日”科普宣传活动

参加中国（芜湖）科普产品博览交易会

伍

第五部分

期刊出版

期刊建设

与德古意特出版社开展合作洽谈

2014年8月11日，德国德古意特出版社总裁冯守望（Sven Fund）一行拜访了中国地质学会，朱立新秘书长和期刊处郝梓国处长接待了来宾。

德古意特出版社（De Gruyter）有260多年的历史，总部位于德国首都柏林，在全球拥有300多名员工，出版物涵盖人文科学与自然科学所有学科，是一家国际化、综合性的高端学术出版社。2011年8月，该出版社在北京成立代表处，开始与中国同行合作开展出版业务，目前已经与商务印书馆、中国社会科学出版社、科学出版社、高等教育出版社、外语教学与研究出版社等出版机构建立合作。

中国地质学会和德古意特出版社主要围绕期刊和图书的合作出版展开了讨论，并达成共识，待今后达成协议后，将会逐步建立框架合同。

郝梓国专职副秘书长在“中国科协科技期刊国际影响力提升计划签约仪式”上做大会报告

2012年11月20日，中国科协在北京举行“中国科协科技期刊国际影响力提升计划签约仪式”，有35名获奖期刊代表及部分期刊的主办、出版和挂靠单位代表等共100余人出席了会议。

由于《地质学报》（英文版）连续6年获得中国科协A类精品期刊资助，取得了一定的国际办刊经验；2012年，历经专家3轮评审，又获得提升专项A类资助。中国地质学会专职副秘书长郝梓国代表获奖期刊做题为“科技期刊国际影响力提升专项，助力中国科技期刊走向世界”的发言。会后，很多媒体引用了发言的主要内容。

完成中国地质学会《地质学报》（英文版）编委会换届工作

2013 年 11 月 9 日，中国地质学会《地质学报》（英文版）换届会议在北京召开。中国地质学会常务副理事长孟宪来、中科院院士舒德干、美国地质调查局周义明研究员等国内外 30 多位著名专家出席了会议，中国地质学会朱立新秘书长主持了会议。

《地质学报》（英文版）第 39 届编委会由舒德干院士出任主编，56 位编委中，国外编委 31 人。高水平的国内外编委为《地质学报》（英文版）成为世界一流地学科技期刊提供了保障，新一届编委会将继续努力，再创《地质学报》（英文版）的下一个百年辉煌。

在会议的最后阶段，舒德干主编与参会的 9 位副主编共同就编辑部运行机制、如何实现主编与副主编沟通联动、发挥自身职责等深层次问题展开了深入讨论；9 位副主编在如何抓好稿源、提升文章质量、组织综述性文章和专辑等方面交换了意见，建议编委会成员要做到能上能下，通过年终考评进行必要的增补和调整，并设立评选年度优秀文章和工作量统计等方式激励编委干好工作。舒德干主编要求期刊编辑部尽快按照编委的建议、意见抓紧相关制度的制定和落实。

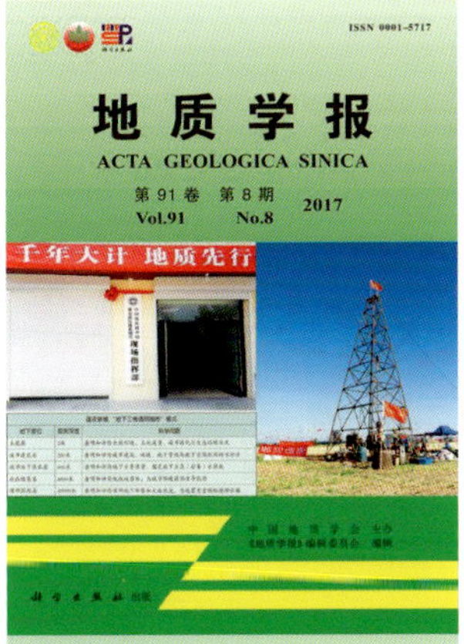

获得荣誉

5 年来，通过不懈努力，学会主办刊物《地质学报》（英文版）、《地质学报》（中文版）、《地质论评》取得了进步和成绩，得到了相关部门的肯定。

《地质学报》（英文版）

2012—2016 年，每年均获得“中国最具国际影响力学术期刊”称号；2012 年，荣获中国科协、财政部“优秀国际科技期刊”一等奖；2013 年、2015 年，荣获国家新闻出版广电总局“百强报刊”称号；2016 年，获得中国科协“中国科技期刊登峰行动计划”连续 3 年（2016—2018 年）资助。

《地质学报》（英文版）荣誉证书

《地质学报》（中文版）

2012 年、2014 年均获得“百种中国杰出学术期刊”称号；2012—2016 年，每年均获得“中国最具国际影响力学术期刊”称号；2015—2017 年，入选中“国科协精品科技期刊工程”；2015 年，被汤森路透旗下的 Zoological Record、Biological Abstracts、BIOSIS Previews 3 个子数据库收录。

《地质学报》（中文版）荣誉证书

《地质论评》

2012—2016 年，每年均获得“中国最具国际影响力学术期刊”称号；2013 年、2014 年，均被评为“RCCSE 中国核心学术期刊”；2015—2017 年，入选“中国科协精品科技期刊工程”。

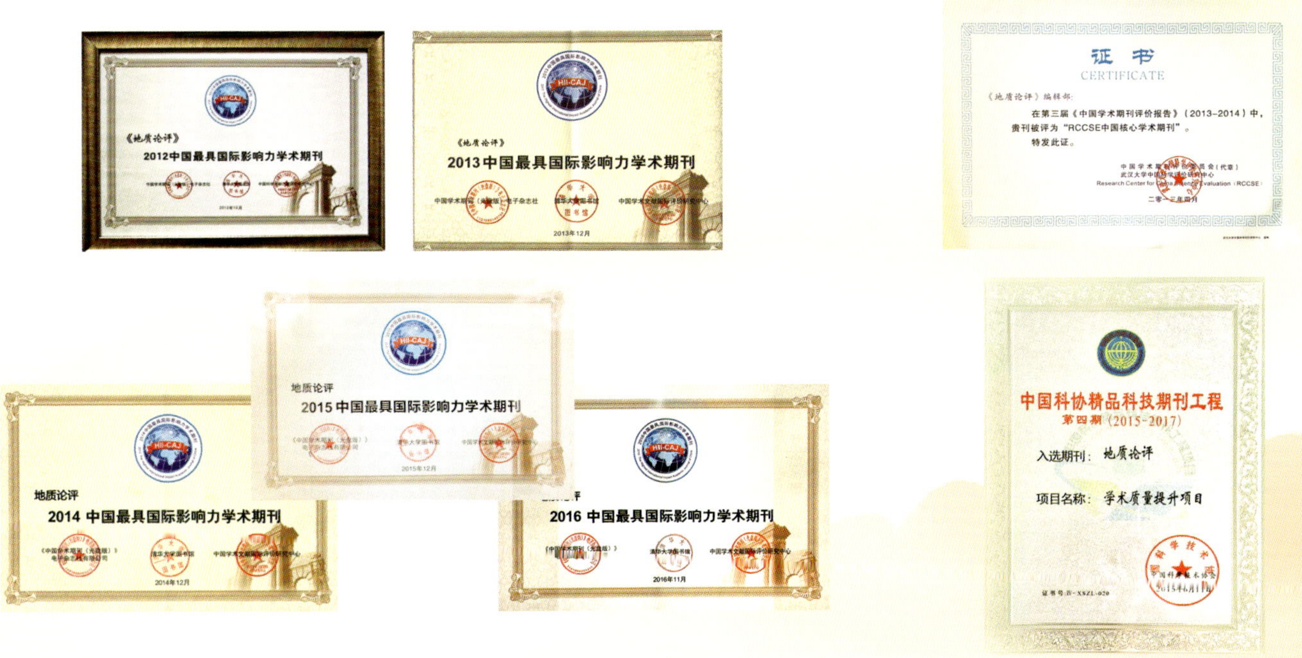

《地质论评》荣誉证书

陆

第六部分

地质类专业认证

成立“地质类专业认证试点工作组”

2013 年 3 月，中国工程教育协会批复成立“地质类专业认证试点工作组”，挂靠在中国地质学会，组成地质类专业认证委员会，全面负责中国本科高校地质类专业认证工作。认证专家由来自高校、行业企业、行业主管单位和中国地质学会等曾从事过地矿类认证工作的 15 名专家组成。工作人员由中国地质大学（武汉）、中国地质学会秘书处相关专、兼职工作人员组成。

地质类专业认证委员会

主任委员

王铁冠

副主任委员

朱立新

姚书振

委　员

万　力

叶建良

付水兴

刘俊来

孙英男

李　俊

郝立波

骆华宝

唐辉明

黄润秋

隋旺华

程爱国

试点工作组秘书

郝梓国

华丽娟

夏庆霖

制定“地质工程”等 3 个专业的认证补充标准

为了适应地质类专业认证工作的需要，根据《工程教育认证办法》《工程教育认证标准》，围绕专业目标、质量评价、课程体系、师资队伍、支持条件、学生发展、管理制度等研究制定了“地质工程”“勘查技术与工程”“资源勘查工程”3 个专业的认证补充标准。

已开展地质类专业认证的高校及专业

中国地质大学（北京） 资源勘查工程专业
中国石油大学（北京） 资源勘查工程、勘查技术与工程专业
吉林大学 地质工程、勘查技术与工程、资源勘查工程专业
成都理工大学 地质工程、资源勘查工程专业
长安大学 地质工程、勘查技术与工程资源勘查工程专业
合肥工业大学 资源勘查工程专业
东华理工大学 资源勘查工程、勘查技术与工程专业
福州大学（北京） 地质工程专业
昆明理工大学 资源勘查工程专业
同济大学 地质工程专业
西安科技大学 地质工程专业
西南交通大学 地质工程专业
西南石油大学 资源勘查工程专业
中国地质大学（武汉） 地质工程专业
中国海洋大学 勘查技术工程专业
长江大学 资源勘查工程专业
中国石油大学（华东） 资源勘查工程、勘查技术与工程专业
中南大学 地质工程专业
中国矿业大学（北京） 资源勘查工程专业
桂林理工大学 资源勘查工程专业

认证专家到各高校开展现场考察

中国礦業報

China Mining News

勇担使命　推动我国本科工程教育认证

——中国地质学会承担地质类专业认证工作纪实

我国大学本科工程教育专业认证工作的相关政策和基本要求有哪些？目前大学本科地质类专业认证工作开展的实际情况如何？地质类专业认证试点工作组成立一年以来都做了哪些工作？带着这些问题，记者近日走访了中国地质学会。

本科工程教育认证与国际接轨

据记者了解，2013年6月19日，在韩国首尔召开的国际工程联盟大会上，《华盛顿协议》全会一致通过接纳我国为该协议预备成员，这在一定程度上表明，我国大学本科工程教育的质量得到了国际社会的认可。《华盛顿协议》成立于1989年，是世界上最具影响力的国际本科工程学位互认协议，其宗旨是通过双边或多边认可工程教育资格及工程师执业资格，促进工程师跨国执业。该协议提出的大学本科工程专业教育标准和工程师职业能力标准，是国际工程界对工科毕业生和工程师职业能力公认的权威要求。该协议现有美国、英国、加拿大、澳大利亚、韩国、俄罗

中国矿业报特别报道

柒

第七部分

咨询服务

众志成诚 抗震救灾

号召广大会员和地质工作者投身抗震救灾和灾后重建工作

4 月 20 日上午，四川雅安芦山发生 7.0 级强烈地震后，受灾地区人民的生命和财产遭受了严重损失。中国地质学会向灾区所有的遇难者表示沉痛的哀悼！向遇难者家属和灾区人民表示深切的慰问！向战斗在救灾第一线的广大干部群众、人民解放军指战员、武警官兵和医护人员、公安消防人员等表示崇高的敬意！

为贯彻落实党中央国务院关于抗震救灾工作的决策部署，中国地质学会于 22 日下发《关于积极动员广大会员和地质工作者投身抗震救灾和灾后重建工作的通知》。要求各省级地质学会、分支机构、各理事单位，要在当地上级党委、政府的统一领导和协调下，动员广大会员、地质科技工作者投身到抗震救灾下一步工作，尤其是灾后重建工作中。四川、重庆、云南、陕西、甘肃、贵州等省、市地质学会，以及地质灾害、水文地质、工程地质、环境地质等分支机构，要充分发挥专业的科技支撑优势，及时按照上级组织要求组织专家和科技人员对救灾中出现的重大突出问题；出谋划策，研究提出科学的应对措施和建议，迅速、积极、全力投入到抗震救灾工作中；积极支援、参与应急救援和灾后重建工作，为中央和地方政府提供咨询与服务。同时，各单位要做好科普宣传工作，采用科普网站、抗震救灾知识展览、撰写科普文章等各种有效宣传形式，积极宣传抗震救灾常识。

中国地质学会理事单位启动应急机制并赴灾区开展应急地质灾害调查

中国地质学会理事单位中国地质调查局、中国地质科学院及其所属地质研究所、地质力学研究所、水文地质环境地质研究所、岩溶地质研究所、中国地质环境监测院、国土资源航空物探遥感中心等单位得知消息后，立即启动重大自然灾害应急机制，召集有关专家进行紧急会商，研判雅安地震及地质灾害动态，并组成应急调查组奔赴地震灾区开展地质灾害应急调查。部分专家在京留守实时监测龙门山地区地应力变化，分析雅安地震前后地应力监测数据资料，为应急调查组赴地震灾区开展工作提供技术支持。

从 4 月 20 日上午开始，中国地质学会理事单位的有关领导与相关办公室负责人手机保持 24 小时畅通和人员 24 小时值班，所在单位办公室负责应急协调和相关信息报送，科技处负责技术支持和业务联系。

召开为“找矿突破战略行动”做好支撑服务座谈会

2012 年 2 月 19 日，召开为“找矿突破战略行动”做好支撑服务座谈会，邀请部门行业专家，共同研究学会在围绕“找矿突破战略行动”实施中如何更好地发挥支撑作用，来自国土资源、煤炭、武警黄金、有色、冶金、核工业、中石油、中石化、中海油、化工、建材、地震、中科院、教育等部门的 30 余位副秘书长、专家参加了座谈会。

编辑出版《“找矿突破战略行动”建言献策汇编》

中国地质学会作为全国地勘行业的学术组织，充分利用座谈会、动员会、技术推广会、产学商研结合会等多种形式，开展了一系列活动，动员广大会员积极投身于地质找矿的伟大实践中去，并于 2012 年 10 月编印完成了《“找矿突破战略行动”建言献策汇编》。该汇编收录了 26 个省级地质学会、17 个分支机构专业委员会围绕“找矿突破战略行动”所采取的措施，以及青年工作委员会组织的青年地学者围绕“找矿突破”这一主题提出的真知灼见。

聚焦“一带一路”倡议　建言陕西矿产资源开发与合作

2016 年 6 月，由中国地质科学院、西安地质调查中心、陕西省地质学会、长安大学等 11 家单位的 14 位院士、专家组成的专题调研组，深入基层到陕西延长石油（集团）有限责任公司、陕西省地质矿产勘查开发总公司等 8 家地勘企事业单位及国土资源管理部门开展“一带一路沿线矿产资源开发与合作”调研，实施“一带一路矿产资源开发合作”计划，提出促进陕西省经济社会发展建议。陈毓川院士代表“一带一路”专题调研组在第十八届中国科协年会陕西省党政领导与院士专家座谈会上做了专题报告，向陕西省政府提出 4 点建议。

推荐专家建言献策，得到中国科学技术协会和当地政府的肯定

学会推荐中国工程院院士、著名水文地质专家卢耀如参加第十四届中国科协年会党政领导与院士专家座谈会，为河北省经济发展建言献策，得到了河北省委、政府领导的充分认可。

在 2012 年 9 月 9 日举行的河北省党政领导与院士专家座谈会上，卢耀如院士以“华北平原水资源合理开发利用及气象—地质灾害综合防治减灾与可持续发展问题探讨”为题，向与会领导和专家回顾河北省有关水利建设及灾害（洪、旱地质灾害）的问题，重点论述了河北省水资源的状况，以及过量开采地下水造成的大降落漏斗情况及对经济发展的危害性，探讨了水资源合理开发及防治洪、旱灾害，及应对气象灾害—地质灾害链问题，提出了河北省今后水文地质环境地质发展中的有关理念与重要措施的建议。

中国地质学会特别推荐了中国工程院院士、煤炭资源与安全开采国家重点实验室主任彭苏萍教授参加了中国科学技术协会年会组织的院士专家与党政领导座谈会。会前， 彭苏萍院士在贵州省能源局的支持下，于 3 月 29 日—31 日赴贵州六盘水等市开展了为期三天的调研，掌握了大量第一手资料，并在第十五届中国科学技术协会年会上作了精彩发言，为贵州省经济社会发展建言献策。彭苏萍院士的建议、意见得到了中国科学技术协会、贵州省政府的高度重视和专家、学者的一致认可。

中国地质学会推荐的汪集旸院士在“天津市党政领导与院士专家座谈会”上提出“天津市要充分利用浅层地热能”和林景星研究员关于“天津滨海新区经济建设中出现的海水环境改变与变迁”的建议，得到中国科学技术协会和当地政府的重视。

捌

第八部分

分支机构

2011—2016 年主要工作

分支机构 2011—2016 年主要工作

探矿工程专业委员会

王　达

张林霞

探矿工程专业委员会

主任委员：王　达　秘书长：张林霞

地　址：河北省廊坊市金光道77号勘探所

邮政编码：065000

● 组织参加全国探矿工程学术会议和培训，交流推广钻探工程新技术

2011 年 10 月 9—12 日，第十六届全国探矿工程（岩土钻掘工程）技术学术交流年会，参加会议的代表来自全国 24 个省市、132 余个单位，共计 300 余人，会议论文集收录了 90 篇论文，88 万多字。

在由国土资源部、全国总工会、人社部 3 部委联合举办的第一届全国地勘钻探职业技能大赛，学会的多位委员专家有幸成为大赛评判委员会主要成员，为整个比赛和全体选手营造了一个公正的竞赛环境。

2012 年 10 月 19—22 日，第十一届全国矿床会议在贵阳召开。会议期间，还举办了深部找矿勘探技术及应用专题会议，与会代表共计 40 多位。这是自新中国成立以来我国钻探界首次参加全国矿床会议。

2012 年 12 月 14—17 日，由中国地质学会主办的深部钻探及新技术推广应用培训班在安徽合肥举行。来自全国地矿、冶金、有色、煤田、武警等系统的 60 余家单位、150 余名学员参加了培训。

作为协办单位，配合中国地质大学（武汉）60 年校庆，

第十八届全国探矿工程学术交流年会

成功举办了 2012 全国钻切工程学术研讨会暨展览会。

2013 年 10 月 11—15 日，由中国地质学会探矿工程专业委员会主办，武警黄金指挥部承办的第十七届全国探矿工程（岩土钻掘工程）学术交流年会在江西南昌举办，350 余人参会，会议共收到论文 138 篇。

2015 年 8 月 25—28 日，由中国地质学会探矿工程专业委员会主办、中矿资源勘探股份有限公司承办的第十八届全国探矿工程（岩土钻掘工程）学术交流年会，在黑龙江哈尔滨成功举办。会议代表 330 余名，有 37 人进行了大会学术交流。

● 编辑出版钻探工程工具书，宣传推广钻探技术及装备

2014 年，钻探百科工具书——《地质钻探手册》出版发行。该书由探矿工程学会主任委员牵头，多位副主任委员及委员参与，历经数年的切磋、磨砺编著而成，是钻探界可喜可贺的一件大事。

2016 年，编辑、出版钻探工具书籍——《国内外地质勘探钻探设备图册》，并赠送给全国各行业部门、高校、科研院所的专家、学者，广泛宣传、推广先进的钻探技术及装备。

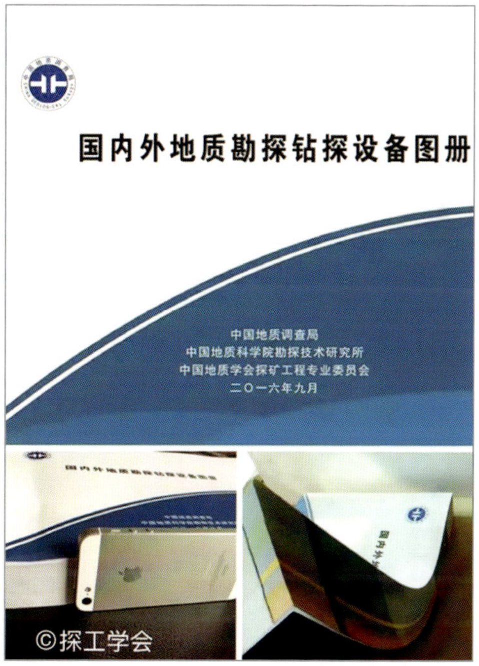

● 建设探矿工程技术网站、微信公众号等资讯传播平台

对学会的门户网站“中国探矿工程技术信息网”暨“中国地质学会专业委员会的门户网站”进行日常维护及信息更新。申请、注册、开通了“探矿工程技术信息”微信公众号，这是由学会主办的探矿工程技术信息资讯平台。

● 参加专业工程教育认证、科技成果推荐和人才举荐工作

参加中国地质学会组织的地质工程专业工程教育认证工作；按照中国地质学会工作部署，积极参与地质科技成果的推荐、人才举荐工作。

分支机构2011—2016年主要工作

地层古生物专业委员会

姚建新

纪占胜

地层古生物专业委员会

主任委员：姚建新　　秘书长：纪占胜

地　址：北京市西城区百万庄大街26号地质所

邮政编码：100037

2012年10月18—20日，由中国地质学会地层古生物专业委员会、中国矿物岩石地球化学学会岩相古地理专业委员会等5个专业委员会和SEPM联合主办的第十二届全国古地理学及沉积学学术会议在青岛召开，会议主要交流近年来古地理学、地层学和沉积学研究领域取得的研究成果及进展，研讨古地理学和沉积学今后的发展趋势，更好地为能源矿产勘探开发、环境保护和资源利用提供服务与技术支持。

2013年10月30—31日，联合召开“中国东部和海域地质特征及资源、环境研讨会”，来自地矿系统、中科院和大专院校共计133人参加会议，会议期间交流论文34篇，提交会议论文摘要67篇。对中国东部大陆的构造、岩浆岩、矿产、海—陆地质衔接、岩石圈结构、海底构造、海底沉积物特点与物源、以及海洋地质研究程度等方面问题进行了交流和讨论。

2015年10月10—13日，联合《古地理学报》（英文版）编辑委员会等17家单位在北京组织召开了第二届国际古地理学会议，170余位专家和学者参加了这次会议。会议交流了近年来古地理学及相关领域取得的研究成果与新进展，研讨了古地理学、地层学和沉积学今后的发展方向和如何更好地为矿产资源勘探、开发和综合利用服务的去问题。

2016 年 9 月 23—25 日，在河南理工大学协助下，联合召开了第十四届全国古地理学及沉积学学术会议，来自高等院校、研究院（所）、企业等 60 余家单位的近 300 名专家、学者及研究生参加了会议，会议共收集论文摘要 328 篇，其中大会报告 7 个，主题报告 60 个，学术报告 164 个，展板报告 97 个。会议期间代表们认真交流了地层古生物、古地理、沉积学及相关学科在科学研究、社会服务等方面取得的新进展和新认识。

分支机构 2011—2016 年主要工作

洞穴专业委员会

姜玉池

陈伟海

洞穴专业委员会

主任委员：姜玉池　秘书长：陈伟海

地　址：广西壮族自治区桂林市七星路50号岩溶地质所

邮政编码：541004

● 组织召开系列年度全国洞穴学术会议和国际会议，交流活跃

成功举办了 5 届全国洞穴学术会议，来自全国岩溶与洞穴科研、教学工作者和学生，国内外洞穴探险爱好者、旅游洞穴开发管理者共约 1000 人出席会议，提交论文约 150 篇，编印会议论文集 5 册。历次大会围绕洞穴探测、研究与保护及旅游洞穴开发、管理等主题展开学术交流，成为我国洞穴探测、调查、研究、旅游开发交流的品牌会议，承办单位积极，参会人员涌跃。

其中，第十七届洞穴会议于 2011 年 10 月在湖北通山隐水洞地质公园召开，150 人参会；第十八届洞穴会议于 2012 年 11 月在广东清远召开，247 人参会；第十九届洞穴会议于 2014 年 9 月在山东沂水召开，150 人参会；第二十届洞穴会议于 2015 年 8 月在四川通江召开，180 人参会；第二十一届洞穴会议于 2016 年 10 月在贵州绥阳双河洞地质公园召开，150 名代表参会。《洞穴探测研究开发与保护——全国洞穴学术会议论文选集（二）》于 2014 年出版，选录了近 5 年来召开的全国洞穴学术会议论文 106 篇，全面地反映了当前我国洞穴探测、研究、开发与保护等诸多方面的成果与进展。

此外，于 2015 年 11 月在湖北利川成功举办第二届亚洲跨学科岩溶学术会议，来自亚洲、欧洲等 22 个国家和地区、180 余名国内外专家、学者参加会议，交流岩溶与洞穴调查研究成果。

● 组织开展形式多样的岩溶与洞穴科普宣传教育活动，效果显著

洞穴专业委员会许多专家积极配合电视、网络和科普刊物进行岩溶与洞穴科普宣传教育，在《科技博览》《地理中国》《中国国家地理》等栏目中解读天坑、洞穴、地下河之迷，产生了很好的效果。每年的“世界地球日”“全国科技活动周”期间，与岩溶地质研究所、岩溶专业委员会一起，在中国岩溶地质馆和野外科研基地联合开展岩溶地质科普讲座、展览和参观活动 10 次，总人数约 2000 人。

举办岩溶与洞穴科普培训 3 期（次），共 200 余人参加；举办洞穴地质遗迹调查技术培训 2 期（次）；赴中国地质大学（武汉）、华中师范大学和中国地质大学（北京）等开展“地质公园进校园”的地质遗迹讲座活动。

● 组织开展中外联合洞穴探险科考活动，成果丰硕

2011 年 10 月，在湖南郴州万华岩举行第 24 次中外联合洞穴探险科考，促进了万华岩科学研究，提升了万华岩的国内外影响力；2012 年 10 月，开展中外联合绥阳双河洞洞穴探险，首次对洞穴探险进行电视直播；2013 年，组织第 25 次中外联合洞穴探险科考，对广西乐业—凤山、贵州紫云县和安龙县、云南昭通地区进行洞穴探险考察，为岩溶景观评价和开发提供依据；2014 年，组织第 26 次中外联合洞穴探险科考，发现贵州紫云县的苗厅容积 1078 万立方米，为世界容积最大的洞穴大厅；2015 年，分别开展第 27、28 次中外联合洞穴探险科考，探测洞穴 22 个，长约 20 千米，三维扫描确定重庆武隆云梯大厅垂直高度 365 米，为世界最高大洞穴大厅；2016 年 5 月和 10 月，中外联合分别对陕西汉中开展天坑和洞穴调查，首次在我国热带—亚热带岩溶区最北界发现大型天坑群，具很高的科研和旅游开发价值。

分支机构 2011—2016 年主要工作

非常规油气地质专业委员会

马永生

翟刚毅

非常规油气地质专业委员会

主任委员：马永生　　秘书长：翟刚毅

地　址：北京市朝阳区安外小关东里10号院东小楼

邮政编码：100029

中国地质学会非常规油气地质专业委员会（以下简称“非常规专委会”）是经中国地质学会第 39 届理事会议第 9 次常务理事会议批准，于 2014 年 3 月 23 日成立，挂靠单位为中国地质调查局油气资源调查中心。为了便于开展工作，经过酝酿和广泛征求意见，并报中国地质学会批准，组建了非常规专委会第一届委员会，主任委员由马永生院士担任，秘书长由翟刚毅担任，共有 67 名委员，其中主任委员 1 人、副主任委员 13 人，秘书长 1 人、副秘书长 4 人，其他委员 48 人。

● 成立页岩气科学传播专家团队，积极组织开展公益性宣传教育活动

为加强科普人才队伍建设，提升科普公共服务能力，促进公民科学素质建设目标的实现，非常规专委会积极开展科学传播专家团队建设，经中国地质学会第 39 届理事会第 15 次常务理事会议审议批准，组建了页岩气科学传播专家团队，团长由非常规专委会委员包书景教授担任。页岩气科学传播专家团队围绕中国地质学会章程和年度工作目标，在“世界地球日”、“全国科技活动周”及“全国科普日”等重大科普活动中积极开展活动，发挥了应有作用。

● 组织开展“世界地球日”科普活动，深入校园开展“全国科技活动周”活动

3 年来，非常规专委会每年都开展了“世界地球日”主题宣传活动，主要是到高校开展科普宣传讲座，同时赠送图书——《页岩气知识读本》。

非常规专委会会同页岩气科学传播专家团队，在“全国科技活动周”期间积极参与“科技使者进校园”活动，在中国地质大学（北京）等高校开展了科普讲座，展出了科普宣传展板，普及页岩气科技知识。

● 积极开展学术研讨活动，交流前沿学术研究成果

2014 年 12 月，与中国地质大学（北京）等单位联合主办第二届页岩气国际学术研讨会 。该会议由中国地质大学（北京）、专委会等 5 家单位联合主办，共有来自国内外 80 余家单位、400 余名代表参加会议。

2015 年 6 月 26—28 日，2015 年生态文明贵阳国际论坛年会在贵阳召开。非常规专委会携手贵州省国土资源厅、中国矿业大学和贵州大学共同承办的页岩气与生态环境分论坛成功落幕。

2015 年 10 月 8—12 日，中国地质学会 2015 年学术年会在西安召开，会议共设置 1 个主会场和 26 个分会场。作为分会场之一，非常规专委会成功主办了非常规油气地质学术年会暨页岩气培训班分论坛。来自全国油气等相关领域的 200 余名专家学者参加了分论坛。

2016 年 10 月 22—23 日，第四届非常规油气地质评价学术研讨会在北京举行。本次学术研讨会由中国地质学会非常规专委会与中国石油学会石油地质专业委员会等 5 个专业委员会共同主办。

● 积极参与行业各项活动，定期出版内部刊物

积极参与非常规油气地质行业各项活动，深入企业、高校进行技术指导咨询服务或考察调研，推动非常规油气地质行业各项工作的蓬勃发展。

定期出版内部刊物《页岩气动态》，按时将期刊寄给各会员单位和委员，有力地推动了页岩气的宣传工作，促进了页岩气勘查开发的力度。

分支机构2011—2016年主要工作

工程地质专业委员会

彭建兵

伍法权

工程地质专业委员会

主任委员：彭建兵　秘书长：伍法权

地　址：北京市朝阳区北土城西路19号

邮政编码：100029

● 组织召开历届工程地质学会年会和高层论坛，学术交流活跃

2011年，主办第八届工程地质学术年会——地震灾区重建的重大工程地质问题；第三届工程地质高层论坛——中国工程地质学科的挑战与对策；第四届工程地质高层论坛——工程地质与互联网技术的结合与应用；汶川地震三周年纪念——地震诱发地质灾害与减灾国际学术研讨会；协办中国地质学会2011年学术年会工程地质分会场，会议主题是“地质灾害与环境安全”。

2012年，主办第九届全国工程地质大会和第五届工程地质高层论坛，全国地质大会是工程地质专业委员会四年一届的换届大会，835名代表参加；第五届工程地质高层论坛——极端气候下岩溶地区的地质灾害防治。协办会议3次，包括2012城市地质环境与可持续发展论坛、国际海岸工程地质学术研讨会和第四届地质（岩土）工程光电传感监测国际论坛。

2013年，主办3次学术会议，包括：国际工程地质与环境协会2013年学术年会暨第九届亚洲区域工程地质学术会议——Geohazards and Engineering Geology，来自世界各地30个国家的234名代表出席了大会；第四届全国岩土与工程大会及第六届工程地质高层论坛——现代高新技术与工程地质学科的发展。协办纪念汶川地震五周年国际学术研讨会——强震区地质灾害风险与长期效应国际研讨会。

2014 年，主办 2014 年工程地质学术年会——资源开发中的重大工程地质问题，756 人出席；第七届工程地质高层论坛——黄土高原城镇化与地质灾害的人地协调。

2015 年，主办 3 次学术会议，包括：全国工程地质学术年会——工程地质与寒旱区可持续发展，参会代表 744 人；第八届全国工程地质高层论坛——工程地质前言与理论展望、工程地质新技术新方法和工程地质教育及学科建设；第四届强震地质灾害及后效应国际学术大会。承办中国地质学会 2015 年学术年会第 14 分会场“工程地质新技术新方法”。同时，2015 年工程地质专业委员会青年工程地质专业委员会成立。

2016 年，主办第九届全国工程地质高层论坛——工程地质新思维、第十届全国工程地质大会——工程地质与一带一路建设。工程地质专业委员会青年工程地质专业委员主办第五次青年工程地质学术研讨会——土体工程地质特性与结构。

● 积极发展会员，重视人才推荐工作

持续推动国际工程地质与环境协会中国委员会会员的发展工作，截至 2016 年底，会员人数发展至 573 人，是第一大会员国，成为名副其实的工程地质大国。

在国际交流方面，积极向国际工程地质与环境学会（IAEG）终身成就奖 Hans Cloos Medal 和青年奖 Richard Wolters Prize 推荐候选人。在国内相关活动中，积极推荐多名优秀会员参加历届中国地质学会“黄汲清青年地质科学技术奖”“金银锤奖”和“金罗盘奖”等奖项的评选。2012 年，专委会设立“谷德振青年奖”，表彰在我国工程地质领域做出突出贡献的青年工程地质人才；截至 2016 年，共评选了 3 届“谷德振青年奖”。

● 完善网站服务功能，多渠道宣传推广

对工程地质专业委员会网站进行了多次改版，会员可以直接在网站注册、下载资料；推出了研究亮点、专利简讯等板块，更好地为全国工作地质工作者服务。同时推进英文网站建设，更好地宣传中国工程地质界的最新动态。另一方面通过国际地质大会，在中国地质学会领导下，撰写制作了中国工程地质最新进展的展板，向世界宣传中国工程地质的最新成就。

● 出版多部专业著作，成果丰硕

2011 年，成立《新世纪工程地质学丛书》规划委员会，陆续出版了《西安地裂缝灾害》（2012 年）、《岩石高边坡稳定性工程地质分析》（2012 年）、《滑坡监测预警与应急防治技术研究》（2012 年）、《大型滑坡监测预警与应急处置》（2015 年）、《中国铁路工程地质六十年》（2015 年）等著作。

分支机构 2011—2016 年主要工作

海洋地质专业委员会

温　宁

吴庐山

海洋地质专业委员会

主任委员：温　宁　秘书长：吴庐山

地　址：广东省广州市环市东路477号广州海洋地质调查局

邮政编码：510075

● 先后承办多次全国海洋地质、矿产资源与环境学术研讨会

海洋地质专业委员会在广州先后承办了 2011 年、2013 年和 2015 年全国海洋地质、矿产资源与环境学术研讨会，为广大海洋地质科技工作者提供了良好的学术交流平台，促进了我国海洋地质领域的学术理论和技术方法的进一步发展。来自全国各地的海洋地质单位、研究机构、大学院校及厂矿企业的领导、专家学者和研究生等 630 余人参加了研讨会，提交论文 318 篇，特邀主题报告 25 人次，分会场报告 168 人次。研讨会学术气氛浓厚，交流热烈，已成为高水平的全国性海洋地质领域学术交流会。

● 以国际科技合作项目为平台，积极开展中外学术交流会

以承担的国家海洋地质调查项目为平台，先后与德国波罗的海海洋研究所、波兰什切青大学、法国国家科学中心等研究机构建立了良好的协作伙伴关系，开展南海地学和环境研究，并选派科技人员到国外合作机构学习、培训和交

流。由于国际科技合作工作出色，以依托单位为第一合作单位推荐的德国科学家 Jan Harff 教授被授予 2013 年度“中华人民共和国国际科学技术合作奖”，这是该奖首次颁给海洋地质学家。

● 积极邀请国内外著名学者开展学术讲座

为了扩大科技人员的视野，增加学术敏锐性，活跃学会学术交流氛围和提高创新能力，先后邀请同济大学汪品先院士、国家海洋局二所李家彪院士、中石化马永生院士、美国地质调查局 Timothy S. Collett 教授、波兰什切青大学 Jan Harff 教授、韩国地质矿产资源研究院 Sung Rock Lee 研究员、台湾大学所刘家瑄教授等国内外著名专家来挂靠单位讲学 50 余人次。

● 扎实做好科普活动

2011 年以来，先后举办了第 47 个“世界地球日”科普宣传——“走近可燃冰”海洋地质科普大讲堂、“海洋六号”太平洋——广州在线海洋科普课堂、“深海矿产资源及技术”科普活动等 10 余次大型科普活动。活动形式多样，活动地点不限，受众范围较广。此外，通过与电视、报纸、科普期刊和杂志等媒体密切合作，充分发挥媒体的力量，扩大科普宣传范围。由于科普工作突出，挂靠单位 2016 年 12 月被命名为“科研实验类国土资源科普基地”。

● 积极组织人才举荐和成果评选

积极组织会员申报“黄汲清青年地质科学技术奖”中国地质学会“青年地质科技奖(金银锤奖)”和中国地质学会“野外青年地质贡献奖（金罗盘奖）”。积极推荐优秀项目成果申报中国地质学会“十大地质科技进展”与“十大地质找矿成果”，并先后有“4500 米级深海作业系统”等 4 项成果入选“十大地质科技进展”。

分支机构 2011—2016 年主要工作

化石保护研究分会

贾跃明

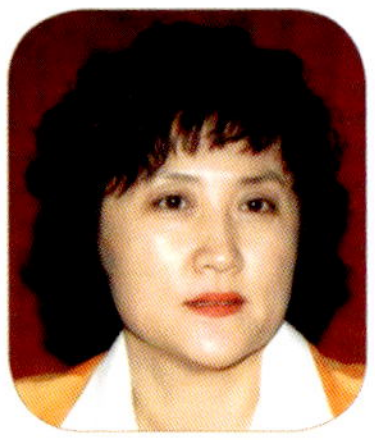

王丽霞

化石保护研究分会

主任委员：贾跃明　秘书长：王丽霞

地　址：北京市西城区羊肉胡同15号中国地质博物馆

邮政编码：100034

● 参与协办各类与化石保护有关的论坛活动

2015 年 8 月 10—14 日，协办在辽宁沈阳举办的中国古生物学会第 28 届学术年会，在化石保护与科普分会场做学术报告 5 个，提交论文摘要 4 篇，学术成果得到中国古生物学会的高度重视。9 月 14—17 日，协办在新疆鄯善举行的丝绸之路化石保护论坛，做大会报告 8 个；同时参加了丝绸之路科学考察活动。

2016 年，先后参加兴义化石村发展规划与建设研讨会、自贡南方丝绸之路化石产地保护论坛、喀左北方丝绸之路化石产地保护论坛、巴彦淖尔草原丝绸之路化石产地保护论坛、安徽互联网 + 智慧化石论坛、兴义山地旅游大会、第七届化石爱好者大会、青冈化石推介会及中国观赏石协会化石专业委员会成立大会。

● 加强科普宣传，推广化石文化

2015 年 3 月 8 日，在分会的推动下，中国地质博物馆女工工会与辽宁义县、中国地质大学（北京）工程硕士班与河北泥河湾、国土资源党校进修班学员与河北平泉分别签订了“认领化石村”的协议。5 月 27 日，见证了四川自贡化石村的建立，并向化石村捐赠了科普读物及保护宣传手册。6 月 1—5 日，赴贵州兴义乌沙化石村和云南罗平大洼村化石村开展科普讲座，将化石科普与保护宣传送到田间地头。

2016 年 5 月，与国土资源部地质环境司、北京大学地球与空间科学学院等 4 家单位共同发起主办首届北京大学化石文化周活动。文化周围绕化石展示与研究保护两条轴线，精心组织了一系列丰富多彩的文化活动，这次盛会不仅在社会上引起轰动，吸引大批参观者到访，而且对“如何将化石科学艺术化、将艺术科学化”进行了深入探讨，为化石保护研究提供了理论贡献。

2015—2016 年，在北京自然博物馆举办了 4 次科普讲座；在辽宁古生物博物馆进行了 1 次讲解员专业培训；在北京顶秀社区举办了 4 次科普与宣传活动，并联系古生物专家赴门头沟永定中学讲课。

● 支持化石保护人才培养和建设

在分会的积极推动下，2016 年 4 月，国土资源部和中国地质大学（北京）联合培养的化石保护研究工程硕士班第二批学员入学，并进行了第一期的授课活动。同时第一批工程硕士班部分学员论文获得通过，被正式授予硕士学位。

积极支持化石办与北京大学地空学院联合举办首届化石美学艺术专升本培训班。该培训班招收热爱化石，具有专科学历的技术人才，学制为 3 年，毕业后颁发由教育部承认的本科毕业证，授予北京大学学士学位。

在分会的积极协调下，2015 年 5 月 25—29 日，在四川自贡举办了全国化石标本登记与数据录入培训班，为全面开展此项工作奠定坚实的基础。

● 系统总结化石保护研究理论

通过参加各种论坛、活动，总结几年来化石保护研究成果及存在问题，逐步形成了一套系统的理论体系。在《地球学报——中国地质博物馆百年专刊》及《“一带一路”年度报告》上刊登论文 2 篇，出版了《中国化石保护》专著 1 本。

分支机构 2011—2016 年主要工作

环境地质专业委员会

张作辰

褚洪斌

环境地质专业委员会
主任委员：张作辰　秘书长：褚洪斌
地　址：北京市海淀区大慧寺20号中国地质环境监测院
邮政编码：100081

● 举办每年一度的年会及学术交流活动

2011—2016 年，环境地质专业委员会分别在深圳、兰州、鄂尔多斯、西安等地举办了年会暨学术交流会，会议主题围绕“地质环境调查监测与地质灾害应急研究”“工业化城镇化和农业现代化建设中的地质环境问题”“矿山地质环境保护与治理恢复”等与环境地质息息相关的热点和难点问题进行交流和研讨，参会代表共计 500 余名，收集论文近百篇，几十名专家学者在大会上进行学术交流。

● 开展地质环境问题研讨和专题研究，提升影响力

2011—2016 年，先后组织召开了“城镇化进程中的地质环境问题及对策研究”“地质环境保护与生态文明建设研讨”“地下地质空间利用地质环境调查与保护专题研讨”等一系列专题研讨会，邀请专家和会员从新型城镇化与京津冀协同发展、典型地区地下地质空间利用地质环境调查、地下地质空间利用地质环境适宜性评价等方面进行深入的交流与研讨，切实有效地为城镇化发展和地质环境保护提供科学依据和技术支撑。

● 完成环境地质专业委员会换届改选工作

2015年10月，经中国地质学会批准《关于环境地质专业委员会第五届委员会组成人员的批复》（地会字〔2015〕66号），

在中国地质学会 2015 年学术年会召开期间，环境地质专业委员会完成了换届改选工作，成立了第五届专业委员会，委员由来自多个部门、行业、大专院校和科研院所的 103 名地质环境调查、监测、管理及科学研究领域的专家组成。

● 举办丰富多彩的科普宣传活动，积极开展人才举荐

自 2011 年以来，环境地质专业委员会联合多家单位组织开展每年的“世界地球日”暨“根在基层，情系民生”系列科普宣传活动，面向当地民众和中小学生，通过张贴科普宣传材料、举办科普讲座、赠送科普读物和捐赠爱心捐款等方式，大力倡导关爱地球、珍惜资源、转变发展方式，提高社会公众爱护地球资源、促进生态文明建设的环保意识；宣传地质灾害防灾减灾知识，提高公众的避险意识和防灾减灾能力、普及自救互救技能。

积极向中国地质学会举荐青年地质人才，2011 年推荐 1 名同志参与“青年地质科技奖”评选，获得“银锤奖”。

● 主动服务会员单位，推动国家地下水监测工程实施和地质环境管理相关规范编制

2016 年，国家地下水监测工程建设全面开展，时间紧，任务重。各省地质环境监测机构为主要承担单位，这些单位也都是环境地质专委会会员单位。环境地质专业委员会主动服务，发挥桥梁纽带作用，与项目牵头单位中国地质环境监测院携手，以召开工作推进会的形式，面向各片区监测机构的领导和技术人员开展研讨、培训和交流，并组织会员单位编制完成《地下水监测网运行与维护规范》（送审稿）、《地下水巢式监测井建设规程》（送审稿）、《地下水质监测网设计规范》（送审稿）等与国家地下水监测工程配套的规程和规范，保证了整个工程的统筹管理、协调一致、质量管控和顺利实施。

分支机构 2011—2016 年主要工作

地质科普工作委员会

贾跃明

彭　健

地质科普工作委员会

主任委员：贾跃明　　秘书长：彭　健
地　址：北京市海淀区大慧寺20号中国地质环境监测院
邮政编码：100081

● 积极谋划，组织开展重大科普日科普活动

2011—2016 年，“世界地球日”“全国土地日”期间，按照国土资源部和中国地质学会要求，围绕主题开展多种形式的科普活动。开展“世界地球日走进社区”、举办《地海漫诗》《土地整治万里行》等科普展览、发布公益广告、举办中小学地球科学素质教育大课堂示范活动等都起到了很好的科普示范和宣传作用。

2014—2016 年，连续 3 年参加科技部等多部委组织的“科技列车行”活动，先后赴江西赣南、辽宁丹东、内蒙古赤峰开展地学科普活动。通过举办科普讲座、巡展，展示矿物晶体标本，引起了良好的社会反响。2016 年，活动小组荣获了科技部、中央宣传部、中国科协联合颁发的“全国科普先进集体称号”。

● 精心策划，举办大型科普、宣传展览

2011—2016 年，举办了 30 余场临时展览，内容涵盖国土资源调查评价成果、古生物、矿物晶体、玉石、地质风光摄影等。其中，2011 年，在中国国家博物馆举办了《基础先行——国土资源调查评价成果展》。李克强、回良玉、张德江、王岐山、梁光烈、马凯等多位党和国家领导人，党政机关、社会团体及全国各界 30 多万观众参观了展览，社会反响强烈。2016 年，为纪念中国地质博物馆建馆 100 周年，举办了《百年历程——中国地质博物馆建馆 100 周年成就与精品展》和《首届中国矿物精品展》，向社会大众免费开放，展览接待省部级专场 28 场，组织团体参观 334 个，观众达数 10 万人次，展览及其附属活动得到各级媒体报道 1077 次，受到了社会各界的广泛好评。

● 主动作为，开展丰富多彩的青少年科普活动

2011—2016 年，科普委员会在开展青少年科普活动上下大力气，开展“走出去、请进来”的科普活动上百场，取得了良好的成效。

一是活动的范围不断拓展。经过 6 年的努力，地质博物馆地质科普足迹已经遍布了北京所有的远郊区县，甚至延伸到河北省张家口市怀来县，行程几千千米，参与活动的青少年达数万人，越来越多的青少年能够学习到地质知识。二是活动的专家团队力量不断加强。开始，科普活动的专家团队主要由地质博物馆的专业技术人员组成，之后拓展到部系统内其他的专业技术人员，甚至邀请李廷栋、刘嘉麒、周忠和等院士为青少年做科普讲座。让青少年在聆听院士讲座的同时，感受科学家的魅力。在普及科学知识的同时，倡导科学方法，传播科学思想，弘扬科学精神。三是与首师大附中永定分校、北京市第八中学、第一五九中学签订馆校共建协议，组织开展馆校联合培养地学人才计划教育模式。通过开展系列讲座、巡展、参观博物馆、实地考察等一系列活动，馆校共建成效显著。四是活动形式更加活泼，深受青少年喜爱。近几年来，地质科普工作委员会丰富了“请进来”科普活动的形式，如古生物知识结合剪纸、折纸、拓片等手工，宝玉石知识结合珠宝 DIY、绘画等，极大地调动了青少年学习地学知识的兴趣，得到了青少年的一致欢迎。

● 搭建平台，促进地学科普交流

2012 年完成了第七届科普委员会换届工作。新一届工作委员会由 57 名委员组成，体现了广泛性和代表性，委员结构更加趋于年轻化、专业化，为团结引领各成员单位切实履行科普委员会职能打下了基础。

协办了 2016 年地学科普高峰论坛，为从事地质工作和博物馆行业的专家、学者搭建了良好的沟通交流平台，促进了地学科普工作的良好发展。

● 注重原创，出版科普读物

2011—2016 年，出版《海啸聚焦》《低碳生活》《地震解读》《地球瑰宝》《藏品背后》等一系列原创科普书籍。作为主办单位之一，每年顺利出版《地球》杂志 12 期。

2011—2016 年，地质科普工作委员会的各项工作取得较好成效，尤其是在地学知识普及方面成效显著。今后，地质科普工作委员会将继续做好地学科普工作，落实习近平总书记对科学普及提出的重要指示精神。

分支机构 2011—2016 年主要工作

矿物学专业委员会

王汝成

蔡剑辉

矿物学专业委员会

主任委员：王汝成　秘书长：蔡剑辉

地　址：北京市西城区百万庄大街26号资源所

邮政编码：100037

● 配合学会完成分支机构工作任务

2011 年，积极配合中国地质学会完成了大量的分支机构工作总结，包括：提交《“十一五”矿物学学科进展》《近五年矿物学专业委员会工作总结》，制作第 38 届理事会期间矿物学专业委员会工作成果展板，推荐第 39 届理事会理事及第 38 届理事会先进工作者等，特别是筹备并承办了中国地质学会 2011 年学术年会第 13 分会场。2012 年 3 月，顺利完成自第 38 届理事会以来的工作汇报，获得孟宪来常务副理事长的高度肯定；4 月，提交《围绕找矿突破战略行动初步工作设想》；6 月，为庆祝中国地质学会成立 90 周年，参与学会组织编写《地质学科进展报告》。

● 积极组织每年全国性矿物科学会议及论坛

2012 年 7—12 月，先后主办 3 次全国性的矿物学学术会议；7 月，组织召开 2012 年全国矿物科学与工程学术研讨会；10 月，组织召开资源环境与生命过程成因矿物学第三届学术研讨会、全国矿物科学发展论坛年度研讨会。

2014 年 10 月，在南京大学仙林校区主办 2014 年全国矿物科学与工程学术研讨会；11 月，主办 2014 年全国矿物学发展研讨会。

2015 年 11 月，主办 2015 年全国矿物学发展战略研讨会。全国矿物学战略发展研讨会每年定期召开，在促进我国矿物学学科建设与人才培养，梳理矿物学发展现状，研讨矿物学发展方向，凝练矿物学重大科学问题等方面均发挥着重要作用。

2016 年 10 月，主办的 2016 年全国矿物科学与工程学术研讨会在中国地质大学（北京）开幕。会议主题紧扣目前矿物科学与工程领域的研究热点和发展趋势，对推动矿物科学与工程领域与环境、能源、新材料的交叉、融合、创新起到了引领作用；展现了近年来我国矿物科学与工程领域的新进展、新发现及新成果，为全国相关领域的专家学者和青年学子们提供了一个分享矿物科学与工程前沿动态和学术交流的平台。

● 组织召开应用矿物学国际会议

2013 年 7 月，主办第十一届国际应用矿物学大会；10 月，在安徽合肥召开矿物科学发展的机遇与挑战研讨会。

分支机构 2011—2016 年主要工作

前寒武地质专业委员会

于海峰

王惠初

前寒武地质专业委员会

主任委员：于海峰　　秘书长：王惠初
地　址：天津市大直沽8号路4号天津地质所
邮政编码：300170

● 举办专业学术会议

2011 年 10 月，发起组织了胶－辽－吉古元古代活动带岩石地层格架及构造背景野外考察研讨会”，来自国内 13 家单位共 47 位专家学者参会。

2012 年 6 月，在天津地质矿产研究所成立 50 周年之际，组织召开了前寒武纪地壳演化学术讨论会，总结了天津地质调查中心 50 年来在前寒武纪学科的突出成果。

2013 年 5 月，与地科院地质研究所共同召开了中国前寒武纪重大地质事件、构造体制转变与成矿学术交流会；9 月，在天津地质矿产研究所承办的全国第十届同位素地质年代学与同位素地球化学学术讨论会上，前寒武专业委员会组织了“前寒武地质与地球早期演化”专题。

2014 年 10 月，中国地质科学院地质所与天津地质调查中心联合召开 2014 年度前寒武纪地质工作研讨会，会议最后讨论了新一届委员会人员组成，推选翟明国院士为下一届委员会主任委员；天津中心与全国地层委员会共同组织召开了神农架地区中元古代待建系研究进展野外现场讨论会；11 月底，与全国地层委员会在蓟县共同组织召开了中新元古代研讨会，相关专家就近年来我国中—新元古代年代学、超大陆演化、古地磁学和古生物学等方面的研究进展进行了学术交流，专家对以蓟县剖面为代表的燕辽裂陷槽中—新元古代年代学和古生物学等方面的研究新成果给予了高度评价。

2015 年 5 月，与地科院地质研究所、变质岩专业委员会联合主办的变质岩学术研讨会暨第八届变质岩专业委员会 2015 年会在丹东召开，来自全国地质领域 30 多家单位的 150 多名专家、学者和学生们参加了此次研讨会；7 月，与全国地层委员会共同组织召开了华北陆块中部元古宙地层格架野外现场会，旨在推动华北陆块古元古代底部、中元古代底界和新元古代下部等关键地层问题研究。

2016 年 11 月，与山西地调院在集宁共同举办了华北北部早前寒武纪古老造山带填图方法野外现场考察研讨会，来自科研院所、地调局系统和省级地调系统的专家、学者和填图技术人员等 60 余人参会并进行了野外考察。

● 组织开展国际交流

天津中心前寒武纪地质学者分别于 2012 年 4 月、2014 年 1 月两次访问南非，拜访了南非地学委员会，先后考察巴布顿绿岩带花岗岩、Bushveld 层状杂岩、兰德盆地砾岩型金矿及林波波带等经典地质现象。

2013 年 6 月，邀请韩国基础科学研究所首席科学家、韩国科技大学教授郑昌植博士及其同事 Namhoon Kim 博士和 Hui Je Jo 先生，来前寒武纪地质研究中心开展学术交流和合作研究活动。

围绕筹建中国地调局东、南部非洲地学研究中心，组织专家协助开展了南非、津巴布韦和赞比亚等国早前寒武纪地质对比研究工作。2015 年底，考察了津巴布韦“大岩墙”和其中铬铁矿床、舒鲁圭绿岩带及其中的“BIF”和科马提质玄武岩。

● 服务会员举措

积极鼓励有成就的青年技术人员申报中国地质学会“青年地质科技奖”（金、银锤奖）、“黄汲清青年地质科学技术奖”。协助天津地调中心推荐朱士兴研究员等将在国际著名刊物 *Nature · Communication* 上发表的“华北 15.6 亿年前高于庄组分米级的多细胞真核生物”研究成果申报中国地质调查局“地质科技十大进展”，并成功入选。

组织天津中心年轻技术骨干参加由天津市地质学会组织的以“节约集约利用资源，倡导绿色简约生活——保护地球家园，骑行美丽天津”为主题的第 47 个“世界地球日”骑行活动。

● 科普研究基地建设

2013 年 10 月，天津地质矿产研究所与湖北神农架国家地质公园管理局签署了合作协议，共同建立神农架前寒武纪研究基地。2016 年，天津中心与泰山世界地质公园签订了出版《泰山——地质篇》科普专著的协议。

分支机构 2011—2016 年主要工作

数学地质与地学信息专业委员会

陈建平

陈建国

数学地质与地学信息专业委员会

主任委员：陈建平　　秘书长：陈建国

地　址：北京市海淀区学院路29号中国地质大学地球科学与资源学院
邮政编码：100083

● 每年组织召开全国性学术会议

2011 年 10 月 21—23 日，第十届全国数学地质与地学信息学术研讨会在武汉召开。大会的主题为“数学地质——地学信息与资源、环境和灾害评价”。2012 年 10 月 13 日—14 日，第十一届全国数学地质与地学信息学术研讨会在成都理工大学召开，以“数学地质、数字地质与智慧地球”为主题。2013 年 10 月 11—13 日，第十二届全国数学地质地学信息学术研讨会在乌鲁木齐中国科学院新疆生态与地理研究所召开。2014 年 10 月 11—12 日，第十三届全国数学地质与地学信息学术研讨会在徐州中国矿业大学召开。会议主题为“数学地质——大数据时代的地学信息融合与定量研究应用”。2015 年 10 月 9—11 日，中国地质学会 2015 学术年会第 11 分会场暨定量地学研究与发展研讨会在在古都西安召开。2016 年 10 月 21—23 日，第十五届全国数学地质与地学信息学术研讨会在湖南长沙中南大学召开，会议主题为“数学地质——大数据时代的地学信息融合与定量研究应用”。

● 广泛开展国际学术交流

“走出去、请进来”，积极参加国际学术交流。多人参加第 34 届、第 35 届国际地质大会，参加 IAMG 国际数学地球科学年会等。邀请国外著名学者前来讲学交流。

● 举办专题培训会

在全国 10 余处举办资源定量评价方法及软件应用专题培训会。

● 引领学科发展方向

邀请国家自然科学基金委地质学处姚玉鹏主任就“近年来数学地质学科基金项目申请情况”和部分学者进行了座谈，对数学地质的学科发展和人才培养提出了期望和建议；专委会组织有关专家就“大数据时代的中国地质调查工作”展开了多次专题研讨，分析了我国地学数据库建设及应用的现状，探讨了大数据概念下我国地学信息化建设所面临的问题与对策。

为了提升学科的影响力，专委会决定与多所院校共同编写一本本科基础教材《数字地质学》（暂定名），由专委会名誉主任赵鹏大院士主编，现已进入编写阶段。

● 学术期刊与论文发表

《地质学刊》作为数学地质与地学信息的合作期刊，专委会在稿源选择与论文质量把关上做出了很大的努力。负责每年第 3 期的组稿工作。

● 科普教学

结合中国地质大学（武汉）资源学院的“寻找李四光 · 卓越地质师成长营”活动，开展“数学地质与地学信息”科普展览；面向大学新生、研究生新生，进行数学地质与地学信息专业介绍；协助国际数学地球科学协会中国地质大学学生分会，面向大学生、研究生开展了不定期的数学地质宣传讲座。

● 加强国际交流，把握国际学术动向

加强与国际数学地球科学协会的交流，组织参加国际数学地球科学协会年会，推荐多篇优秀论文到国际数学地球科学协会的 3 个国际性期刊《数学地球科学》《计算机与地球科学》《自然资源研究》发表。

分支机构 2011—2016 年主要工作

同位素地质专业委员会

朱祥坤

李延河

同位素地质专业委员会

主任委员：朱祥坤　　秘书长：李延河

地　址：北京市西城区百万庄大街26号资源所

邮政编码：100037

2012 年 4 月，同位素地质专业委员会完成了换届工作。2012—2016 年，成功主办了 3 次、协办 1 次全国性学术讨论会，为我国同位素地球化学专业专家、学者提供了一个学术交流的平台，推动了学科发展。积极参加中国地质学会组织的院士、“中青年科技创新领军人才”和“青年地质科技奖”推荐工作，推荐院士候选人、“中青年科技创新领军人才”和“青年地质科技奖”各 1 名。另外，同位素地质专业委员会挂靠单位“国土资源部同位素地质重点实验室”每年都积极参加“世界地球日”活动，对外开放，接待参观和来访，普及同位素地质相关知识。

2012 年 4 月 20—23 日，由中国地质学会同位素地质专业委员会主办，国土资源部同位素地质重点实验室和成矿作用与资源评价重点实验室承办的同位素地质新技术新方法与应用学术讨论会在厦门成功举办。参会人员 450 人，提交论文摘要 200 余篇，大会报告 13 个，分会场报告 170 个。在《地球学报》2012 年第 6 期组织出版了“同位素地质新技术新方法与应用”专辑。

2013 年 9 月 23—25 日，由中国地质学会同位素地质专业委员会主办，天津地质矿产研究所、国土资源部同位素地质重点实验室承办的第十届全国同位素地质年代学与同位素地球化学学术讨论会在天津成功举办，共计 450 余人参加会议，提交论文摘要 177 篇，会议交流论文 160 篇，部分优秀论文刊发在《地质学报》“同位素地质”专辑。

2015 年 10 月 18—21 日，由中国地质学会同位素地质专业委员会发起、国土资源部同位素地质重点实验室、国土资源部成矿作用与资源评价重点实验室和北京离子探针中心共同承办的“同位素地质专业委员会成立 30 周年——暨同位素地质应用成果学术讨论会”在浙江宁波成功召开，来自全国各地的相关科研人员和学生近 400 人参会。会议收到论文摘要 146 篇，以《地质学报》增刊形式出版；通过评审的优秀论文全文 30 余篇，分别在《地质学报》2015 年第 10 期和 2016 年第 2 期出版。值得一提的是，会议邀请了各单位同位素地球化学领域的老前辈，包括刘敦一、丁悌平、白云彬、陈民扬、陈毓蔚、戴橦谟、杜安道、李希斌、王先彬、吴世迎、夏毓亮、许荣华、尹观、周新华、朱炳泉等老同志，一起畅谈并回顾了我国同位素地质学的创建发展史，展望了同位素地质学的前景和发展方向。

分支机构 2011—2016 年主要工作

岩矿测试技术专业委员会

罗立强

吴晓军

岩矿测试技术专业委员会

主任委员：罗立强　秘书长：吴晓军

地　址：北京市西城区百万庄大街26号测试中心

邮政编码：100037

● 开展学术交流，发挥科技引领作用

2011—2016 年，岩矿测试技术专业委员会相继组织召开了第七届全国地质与地球化学分析学术报告会、第八届全国地质与地球化学分析学术报告会、第九届全国地质与地球化学分析学术报告会、第九届全国 X 射线光谱分析学术报告会、第十届全国 X 射线光谱学术报告会、第十一届全国 X 射线光谱学术报告会、第一届全国地质与地球化学分析青年论坛、第二届全国地质与地球化学分析青年论坛、第三届全国地质与地球化学分析青年论坛等。来自全国地矿、冶金、物理、有色、石油、石化、核工业、高等院校等相关研究所及企业单位等共计 1000 余人次参加了会议。

● 组织技术培训，促进技术推广与应用

为推动科技创新与地质调查协同发展，促进科技创新在全面创新中的引领作用，多次组织举办了地质实验测试技术应用培训班、现代光谱技术和制样技术高级研讨培训班、科技创新与地质调查协同

发展研讨班等。来自全国地质、有色、冶金、煤田等实验室的 200 余学员参加了培训。培训班邀请国内外知名专家授课，培训以讲座、研讨、交流相结合的方式进行。

为做好《岩矿测试》办刊工作，帮助广大作者把握科学研究的前沿性、思想性，突出表达创新性和提高科技论文的写作质量，多次组织举办《岩矿测试》作者培训班，邀请加拿大 McMaster 大学的 Lesley M. Egden 教授、《岩矿测试》主编罗立强研究员、中国科学院地质与地球物理研究所储著银研究员、中国计量科学院韦超博士、国家环境分析测试中心张烃研究员等讲课。

● 推进专委会组织建设，完成专委会及编委会的换届工作

多次组织召开岩矿测试技术专业委员会会议，广泛听取委员就新形势和现存问题以及自身工作的切身体会提出建设性意见及建议，共织发展蓝图。以好抓学科发展方向、抓人才培养和团队建设、抓科技成果宣传与推为目标，做好专委会工作。

多次组织举办《岩矿测试》编委会会议和专题座谈会，总结办刊经验，研讨今后切实可行的办刊策略，明确未来的发展。力争将《岩矿测试》办成富有阅读品位、独具特色的专业研究刊物。

2016 年岩矿测试技术专业委员会完成了换届工作。经中国地质学会第 39 届理事会第 29 次常务理事会议审批，同意岩矿测试技术专业委员会第八届委员会组成人选，委员会共计 103 人，主任委员由罗立强担任。同时组织开展了《岩矿测试》编委会换届改选工作。新组建的队伍专业覆盖面齐全，学科代表性增强，将有力推动《岩矿测试》办刊事业的进步和学术质量的提升。

分支机构 2011—2016 年主要工作

地质制图与地理信息专业委员会

卢民杰

丁孝忠

地质制图与地理信息专业委员会

主任委员：卢民杰　　秘书长：丁孝忠

地　址：北京市西城区百万庄大街26号地质所

邮政编码：100037

2013 年 10 月 17—21 日，在参加中国地质学会学术年会的同时，根据中国地质学会《章程》，地质制图专业委员会进行了换届与更名工作，成立了“地质制图与地理信息专业委员会”第六届委员会，卢民杰研究员为主任委员，丁孝忠研究员为副主任委员兼秘书长。换届会由第五届地质制图专业委员会主任委员耿树方研究员主持，范本贤秘书长做了总结报告，回顾了地质制图专业 30 年历程和我国地质制图取得的成绩。

同时主办了学术年会的第 7 分会场——第六届全国地质制图与地理信息学术交流会，报名参会的会议代表约 100 人，收到论文（论文摘要）36 篇。分会场共有 23 位专家作报告，并以中青年科研人员为主，评选出 8 篇优秀论文。出席的代表主要来自与地质制图与地理信息相关的科研、院校、出版、生产、管理和公司，涉及的行业有地质、石油、石化、海洋、煤炭、核工业、武警黄金、冶金、地震、测绘、水利、林业等。

2015 年 10 月 17—18 日，经中国地质学会批准，中国地质学会地质制图与地理信息专业委员会与中国地质大学（北京）信息工程学院等联合举办了 2015 国际地理信息科学研讨会。会议正式代表 100 人，列席代表 40 人，特邀代表 15 人，收到论文 120 篇，会议主要围绕“大数据时代的地理信息科学与服务”主题，对国内外地理信息科学理论与方法及相关学科的最新进展进行了深入交流与系统探讨。

2016 年 11 月 25—28 日，中国地质学会地质制图与地理信息专委会参加了中国测绘地理信息学会地图学与

GIS 专业委员会、中国地理学会地图学与 GIS 专委会、中国地理信息产业协会地图工作委员会、中国自然资源学会资源制图专委会 5 家联合主办了第八届全国地图学与地理信息系统学术大会，大会的主题是“智慧地球 · 智慧城市”，由南京师范大学、江苏省遥感与地理信息系统学会、江苏省测绘地理信息学会联合承办。会议正式代表约 450 人，会议收到论文 400 篇。本届大会突出地反映我国地图学和 GIS 领域在理论、技术、方法和应用研究方面的最新成果，充分交流在传感网、移动互联网、云计算和大数据分析时代的智慧地球与智慧城市发展中的重点、热点与难点问题及其解决策略，得到了全国上百所高校、科研院所和同行单位的响应。

分支机构 2011—2016 年主要工作

城市地质专业委员会

李烈荣

郑桂森

城市地质专业委员会

主任委员：李烈荣　　秘书长：郑桂森

地　址：北京市海淀区西四环北路123号北京地矿局

邮政编码：100195

● 开展学术交流活动

2011 年 5 月，与重庆市国土资源和房屋管理局在重庆共同主办了丘陵城市地质工作方法研讨会。2011 年 11 月 2—5 日，中国地质学会在北京成功召开 2011 年学术年会，会议以“支撑、引领——为实现地质找矿重大突破服务”为主题，城市地质专业委员会负责第 4 分会场——“地质与城市化分会场的组织”。2012 年 8 月，与中国地质调查局共同主办，由黑龙江省地质调查研究总院、黑龙江省水文地质工程勘察院、黑龙江省九 O 四水文地质工程地质勘察院共同承办的“城市地质——城市经济发展基石”学术研讨会，在哈尔滨成功召开。2016 年 8 月 13—14 日，在四川成都成功举办“突发地质灾害防治暨地质灾害危险性评估”学术交流会。

学术交流会的成功举办，促进了各城市间地质工作者的交流，充分展示了城市地质工作最新进展，显示了城市地质工作方法不断创新、成果共享程度进程不断提高，为实现城市精细管理提供有力的基础支撑。明确了城市地质工作的目标和任务，城市地质调查成果要以满足政府需求为落脚点，为重大工程建设服务、为节能减排服务等；调查成果高度重视成果集成，成果转化向信息化、知识化、智能化发展。参会技术人员均受到了极大启发，取得了巨大收获，对各地的城市地质调查工作将会起到巨大的推动作用。

● 推广新技术、新方法应用

自 2011 年以来，在北京市地勘局、北京市人力资源和社会保障局的大力支持下，每年举办一期城市地质新理论新方法高级研修班，针对全国从事城市地质工作的高级技术人员开展培训交流，介绍城市地质新成果、新理念、新技术的应用。几年来，针对水、土污染调查评价、修复治理的标准规范、活动断裂的调查、城市地下空间开发应用、浅层地温能应用、线性工程建设、矿山环境治理、突发地质灾害监测、物化探技术方法应用等，累计培养了近千名从事城市地质工作的高级人才和领导，极大地推动了全国城市地质工作的开展。

● 开展专题培训活动

紧跟国家政策，开展针对性紧缺人才培训。随着我国经济的快速发展和产业结构调整的加速推进，污染场地土壤与地下水污染问题越来越严重，许多污染事件已经严重影响到了生态环境和人体健康，引起了政府的高度重视和民众的广泛关注。加强污染场地治理修复工作被提上重要议程。国务院“水十条”“土十条”的颁布实施，水、土环境质量评价与污染修复治理逐步纳入各地日程。地质队伍相关技术人员紧缺现象严重，专委会与各地勘单位合作开展了相关标准规范、技术方法应用等专题培训，为地勘单位解决了人才紧缺之急。目前，水、土壤环境评价与污染修复治理工作已在全国展开。

● 开展技术指导与咨询工作

近年来，随着我国城市化进程加速，城市地质工作任务越来越凸显重要。城市地质工作作为一项基础性、先行性工作，为城市规划、建设、安全运行提供可靠数据，为实现城市精细化管理提供地质技术支撑。各地城市地质工作的全面展开，专委会领导、成员多次接待各省市地勘单位针对城市地质工作的调研咨询，有时亲自到各省院队指导城市地质工作的开展。

分支机构 2011—2016 年主要工作

地热专业委员会

石建省

王贵玲

地热专业委员会

主任委员：石建省　　秘书长：王贵玲

地　址：河北省石家庄市中华大街268号水环所

邮政编码：050061

● 组织召开学术会议

2013 年 3 月，在北京组织召开了第二届中深层地热资源高效开发与利用会议； 2013 年 7 月，在吉林长春组织召开了干热岩资源勘查和增强型地热工程 (EGS) 国际学术研讨会；2013 年 11 月，在河北石家庄组织召开了干热岩资源勘查开发战略研讨会； 2015 年 6 月，地热中心在湖南汝城组织、召开了 2015 年中国地热开发利用与温泉之乡建设研讨会；分别于 2014 年 11 月、2015 年 11 月和 2016 年 11 月组织召开了中国地热资源年会。

● 积极参加抗旱打井

2011 年春天，华北地区发生严重干旱，地热专业委员会积极投入到抗旱第一线，充分发扬不怕吃苦、顽强奋斗、无私奉献的精神，争分夺秒，精心施工，多打井、打好井，在最短的时间内完成了抗旱找水打井任务，为解决旱区群众的困难发挥最大的作用，提前完成了中国地质调查局部署的 40 眼井的抗旱打井任务，为缓解旱区旱情做出了突出贡献。

● 推选“金罗盘奖”候选人

积极推荐历届“中国地质学会野外青年地质贡献奖——金罗盘奖”候选人，所推荐的龙西亭、谭现峰等同志荣获“金罗盘奖”。

● 参加公益活动

2014 年 11 月，参加节水、爱水、护水社区公益宣传活动。走进石家庄市广源路社区石太公园，向社区居民进行节水、爱水、护水公益宣传。活动现场邀请专家就本次居民节水意识及节水措施调查情况，讲解节水的重要意义及南水北调的重要性，并现场解答居民关于生活用水水质、水量等问题。

● 推动科学理论创新和技术方法进步

编制了《全国地热资源现状评价区划及编图技术要求》，并开展了技术培训，为全国地热资源调查评价项目的顺利实施提供了技术支撑。

以现行《浅层地热能勘查规范》（DZ/T0225—2009）为基础进行修订，把浅层地温能勘查工作中常用的新技术、新方法、新理论及出现的新问题的调查精度要求纳入修订范围，满足当前和未来浅层地温能勘查工作的要求。

建立了干热岩资源评价方法及靶区选址指标体系。

● 积极参加科普活动

每年的“世界地球日”，地热专业委员会都组织宣传活动。2011 年，在西清公园组织了纪念第 42 个“世界地球日”暨科技活动周活动。在活动现场，科技人员为参观科普展览的市民发放了“珍惜地球资源、转变发展方式”等科普宣传单及购物袋，并紧密结合生活实际，耐心细致地为大家讲解地球科普常识。2012 年，参加了河北省纪念第 43 个“世界地球日”宣传活动。在活动现场举办了“珍惜地球资源、转变发展方式——珍惜地下水资源、保护我们的家园”主题展览。2013 年，与河北省国土资源厅和石家庄经济学院一起举办了以围绕 “珍惜地球资源，转变发展方式，促进生态文明，共建美丽中国”为主题的第 44 个“世界地球日”主题宣传活动。2014 年，举办了以“珍惜地球资源，转变发展方式——珍惜有限水源，保护生态环境”为主题的科普宣传活动。2015 年，开展了以“珍惜地球资源，转变发展方式——提高资源利用效益”为主题的科普宣传活动；参加了河北省国土资源厅主办、河北师大附属实验中学承办的河北省纪念第 46 个“世界地球日”宣传活动启动仪式。2016 年，举办了以“节约集约利用资源，倡导绿色简约生活——落实五大发展理念，推行最严格水资源管理”为主题的第 47 个“世界地球日”科普宣传周活动；积极参与由中国科学技术协会主办，中国地质学会、中国环境科学学会等在中国科学技术馆承办的 2016 年“全国科普日”北京主场—— “健康伴我行”活动。

分支机构 2011—2016 年主要工作

地质灾害研究分会

殷跃平

陈红旗

地质灾害研究分会

主任委员：殷跃平　秘书长：陈红旗

地　址：北京市海淀区大慧寺路20号中国地质环境监测院

邮政编码：100081

● 打造学术活动品牌，服务科技创新

2013 年，召开第六届地质灾害研究分会换届大会。2013 年 4 月 11—12 日，在北京召开的第六届全国地质灾害与防治学术会议，以“地质灾害与科技减灾”为主题，参会人数达到 600 人。该会议本着百花齐放的原则，在争鸣中对地质灾害与防治学术前沿问题、经济社会防灾减灾救灾科技需求，以及理论与实践的紧密结合，产生诸多共识，碰撞出许多学术闪光点，为促进科学技术更好服务民生保障发展发挥重要作用。

2014 年，联合举办工程地质论坛。2014 年 10 月，联合工程地质专业委员会，在山西太原举办了全国工程地质学术论坛。来自全国各地的工程地质、地质灾害与防治专家、学者欢聚一堂，通过学术交流，互通有无，共同研讨保障民生、服务经济社会发展的技术意见和建议。

2015 年，组织召开城市化与地质灾害防治主题活动。2015 年 4 月 26—27 日，结合野外考察、学术报告和专家论坛等形式，研讨城市化地质灾害科学问题，为兰州城市化地质灾害防治献计献策。5 位院士、专家在理论、方法、技术多个层面上，针对黄土高原区城市化与地质灾害防治进行论坛点评。其他专家围绕主题做了 14 个专题报告。本次论坛时间紧凑、内容充实，气氛活跃，成果丰富，积累了学术活动经验。

2016 年，组织地震地质灾害专题论坛。4 月 26—27 日，在云南昭通举办地震地质灾害专题论坛，采用现场和室内结合方式，分别交流研讨了地震灾区恢复重建与地质灾

害防治、新型城镇化与地质灾害防治、贫困山区科技减灾与可持续发展，以及地质灾害应急调查处置技术等主题。

● 重视科普宣传，持续开展防灾减灾日活动

连续 4 年在《国土资源报》“5 · 12 专栏”发表科普作品。先后围绕深圳光明新区滑坡事故等重大灾害事件，开展应急科普。2015 年 6—8 月，依托主题党建活动，将“教育一个学生、带动一个家庭、影响整个社会”与消除因灾致贫返贫相结合，分别到云南乌蒙山贫困山区、青海省果洛州校园，传播识灾防灾知识和避险自救技能。

● 组建专家团队，探索发展新模式

建成中国地质灾害科技减灾科学传播专家团队。自中国科协科学传播专家团队成立以来，先后开展乌蒙山贫困区防灾减灾培训、青海省贫困区校园防灾减灾知识培训、南疆地区双语防灾减灾知识培训，联合中国林业学会开展生态科普，围绕镇雄赵家沟滑坡灾害、鲁甸地震、芦山地震、山阳特大滑坡灾害和深圳光明新区特大滑坡事故等开展应急科普，先后被中央电视台 1、4、10、13 频道访谈共计 11 人次，共产党远程教育网科学传播 5 人次，《国土资源报》“5 · 12 专栏”发表科普文章若干，中央人民广播电台科学传播 2 人次；互联网引用转载若干次。团队连续 3 年被评为“优秀科普团队”，殷跃平、陈红旗连续两年被评为“优秀科普专家”，殷跃平被聘为“国土资源部首席科学传播专家”。

奠定新常态下分会发展基础。在中国地质学会领导下，自换届以来，以中国地质学会为活动中心，以挂靠单位为活动载体，以会员为基础，以科技减灾为活动主题，以服务公共安全和生态发展为目标，积极探索新常态下分会活动新模式。先后举办学术活动 5 场，促进基层科技减灾工作者的参与程度；推荐并获评各类人才 7 人次，包括院士候选人 2 人。

● 创新会员服务形式，促进学会繁荣发展

根据中国地质学会各项通知精神，完善了地质灾害研究分会网站，丰富了会员交流平台；积极组织开展“青年地质科技奖”“金罗盘奖”等人才遴选推荐工作。

分支机构 2011—2016 年主要工作

非开挖技术专业委员会

王复明

朱文鑑

非开挖技术专业委员会

主任委员：王复明　秘书长：朱文鑑

地　址：北京市海淀区学院路29号北京探矿工程研究所

邮政编码：100083

● 积极组织召开学术年会

举办 6 届中国国际非开挖技术研讨会，每年一次。与会人员除了国内从事非开挖行业的相关人士，还有很多国际非开挖行业嘉宾、技术与商务人士，主要有国际非开挖技术协会、日本非开挖技术协会、德国非开挖技术协会、马来

西亚非开挖技术协会、新加坡非开挖技术协会和印度非开挖技术协会等的领导和会员。该年会是国内最大的非开挖技术研讨会暨展览会，在国际非开挖界具有很大的影响力。

2016 年 10 月 10—12 日，非开挖技术专业委员会在全国农业展览馆主办了国际非开挖技术协会的第三十四届年会。来自全世界 26 个国家及地区的 1978 人登记参加了大会，3 天会期共有 6160 人次参观了展览。

● 积极开展专业技术培训

2016 年，共举办 13 期培训班，包括：6 期水平定向钻进技术培训班，5 期顶管施工技术培训班和 2 期管道修复施工技术培训班。

● 科研成果作品丰硕

非开挖技术专业委员会主持编撰了非开挖技术规范丛书，该丛书共 7 本，包括：《非开挖技术术语》《水平定向钻进技术规程》《顶管技术规程》《管道更新技术规程》《水平定向钻进施工定额》《顶管施工定额》《管道更新施工定额》，已由中国建筑工业出版社出版；主持编撰了《非开挖技术英汉词典》，已由地质出版社出版。

分支机构 2011—2016 年主要工作

构造地质学与地球动力学专业委员会

张培震

刘俊来

构造地质学与地球动力学专业委员会

主任委员：张培震　秘书长：刘俊来

地　址：北京市海淀区学院路29号中国地质大学地质过程与矿产资源国家重点实验室

邮政编码：100083

● 组织召开构造地质与地球动力学学术年会

2011—2014 年，分别于南京、武汉、青岛组织召开构造地质与地球动力学学术研讨会（构造论坛）。会议就中亚造山过程与成矿、华北克拉通破坏的浅部响应与深部过程、青藏高原构造—岩浆演化与成矿效应、华南大地构造特征及动力学演化等方面的最新研究成果进行了热烈讨论。会议专题设置在空间上涵盖了从全球尺度到显微—超显微各个研究尺度；在时间上跨越从早前寒武纪—现代整个地质历史时期；在研究领域上涵盖构造地质学与地球动力学领域的前沿问题及与国民经济密切相关的资源能源、环境与地质灾害等热点问题；在研究地域上以中国境内为主体并涉及周缘地域乃至全球范围。会议是我国构造地质学研究的一次全面的成果展示、研讨和检阅。

● 举办多次岩石流变学研讨会

大陆流变学研究是固体地球科学的重要前沿研究领域，也是发展板块构造、研究大陆构造与大陆动力学的基本问题，已引起国内地学界广泛重视。鉴于大陆流变学研究的需要与迫切性及国内研究现状，由张国伟院士发起，分别在长春、北京、广州和西安组织召开了 8 次相关研究人员的小型研讨会和现场研讨会，围绕大陆天然流变学研究现状、研究内容、问题和方法、大陆岩石流变与变形变质、岩浆、深熔、流体关系、大陆流变研究与地球物理研究、数值模拟等方面的科学问题进行了讨论。研讨会采取自由实质研讨、交流磋商、野外现场考察等多种形式，在很多方面取得了重要共识。

● 举办华南新元古代构造演化学术研讨会

2015 年 11 月 21 日，华南新元古代构造演化学术研讨会在桂林理工大学召开。来自全国 20 余家大专院校、科研院所的代表 80 余人，对华南地区自新元古代以来复杂的板块俯冲、地体拼合、陆内造山事件及晚中生代时期构造体制的转化等提出新的研究思路；进一步交流了构造地质学及相关领域的最新学术进展；围绕华南及邻近地区构造地质学及相关领域的科学前沿问题展开了广泛深入的学术研讨。会后，部分与会代表赴野外进行实地考察。

● 主办秦岭造山带构造演化学术研讨会

2016 年 11 月 4—6 日，由地质学会构造地质与地球动力学专业委员主办的“秦岭造山带构造演化学术研讨会”在西北大学成功召开。来自中国科学院地质与地球物理研究所、中国地质科学院等 4 家科研院所，北京大学、香港大学和西北大学等 12 所高校的 60 余位专家、学者参加了会议。与会专家围绕大陆岩石圈流变与构造演化、秦岭造山带构造格局及多期造山作用等科学问题进行了精彩学术报告和交流研讨。会后，董云鹏教授带领专家进行了为期 2 天的秦岭造山带黑河地质剖面考察与讨论，与会专家对西北大学关于秦岭造山带构造研究成果给予了高度评价。

● 协办青藏高原地球科学学术年会等会议

2012 年，协办青藏高原地球科学学术年会；2013 年，协办北山造山带增生造山过程国际学术会议暨 IGCP592 年会；2015 年，协办西太平洋洋陆过渡带壳幔——海洋系统、过程与动力学论坛。

分支机构 2011—2016 年主要工作

农业地学专业委员会

黄学斌

熊自力

农业地学专业委员会

主任委员：黄学斌　　秘书长：熊自力

地　址：北京市海淀区民族大学南路11号

邮政编码：100081

● 系统梳理总结过去农业地质领域的主要成果和成就，研究在新形势下农业地质工作的发展方向，加快农业地质成果转化与应用

专委会依托中国地质环境监测院启动了浙江杭嘉湖平原、黄淮海平原、江苏苏锡常地区等水土地质环境监测预警及风险评估研究，在河北保定、沧州地区及江苏苏锡常地区建立了水土地质环境监测的示范网络，并以支撑城镇化建设为目标，启动开展了水土污染的修复示范工作，使农业地质工作更加适应国家建设，服务国家宏观发展。专委会结合“三深一土”国土资源科技创新战略，依托中国地质环境监测院开展土地质量化学调查工作，开展土地科技的深入研究，在土地科技专项上发挥农业地质研究领域的特色，要以科技创新为引领，提升农业地质科技创新能力、提升服务社会和政府的能力、提升自身凝聚力和自主创新开展工作的能力，促进地质科技创新与经济社会发展深度融合。

● 积极组织召开全国农业地学研讨会议，充分研讨交流农业地学领域研究进展及未来发展方向

2013 年 10 月，按照中国地质学会总体工作安排，学会以学术年会分会场的形式召开了中国地质学会农业地学专业委员会换届暨 2013 年学术研讨会。新任专委会组织机构包括主任委员 1 名，副主任委员 8 名，委员 59 名，秘书处成员 6 名，聘任名誉主任委员 10 名。委员会成员覆盖地学、农学、林学、畜牧学、生态学、环境学、经济学等学科领域、多行业部门。

2014 年 10 月，组织召开了 2014 年全国农业地学学术研讨会。会议提出，在农业地质的深入推进方面，一是要以需求为导向，深入推进农业地质工作；二是要系统梳理全国农业地质工作进展情况，开展农业地质调查、监测和预警三大体系建设；三是以地学理论为核心，形成农业地质理论研究框架。

2016年11月，专委会会同中国地质调查局农业地质应用研究中心，组织召开了2016年全国农业地质应用研究学术研讨会。

● 积极开展农业地质科普活动，广泛宣传农业地质工作

2013年4月22日，专委会依托中国地质环境监测院携手雅安市国土资源局、宝兴县国土资源局，在2013年“4·20”芦山地震重灾区的宝兴县开展了“珍惜地球资源，转变发展方式——提高资源利用效益”主题宣传活动暨“根在基层，情系民生 助学一帮一”志愿者学雷锋活动。活动期间，专委会向宝兴县普通民众开展地质灾害科普宣传、发放“世界地球日”纪念品、地灾科普音像制品、地质科普读物等宣传材料，开展地质灾害知识讲座。通过活动，地质灾害防护知识得到有效传播，保护地球理念得以广泛宣传。

2015年10月28日，中央国家机关精神文明建设协调领导小组在北京怀柔雁栖镇举办了中央国家机关城乡共建捐赠仪式暨知识讲座，专委会组织相关专家到会向雁栖镇广大民众做了室内科普讲座，广泛宣传了农业地质工作。

分支机构 2011—2016 年主要工作

石油地质专业委员会

金之钧

刘全有

石油地质专业委员会

主任委员：金之钧　秘书长：刘全有

地　址：北京市海淀区学院路31号中石化石油勘探开发研究院

邮政编码：100083

2011 年，专委会组织召开了第四届中国石油地质年会等 5 次学术交流会，参会代表共 1100 余人。积极主办总会学术年会分会场学术活动。编写中国地质学会做好《“十一五”地质科技与找矿成果暨“十二五”科技规划学术报告》。在人才举荐方面，推荐的刘全有荣获“中国地质学会第十二届青年地质科技奖银锤奖”；推荐的朱光有、胡宗全、蔡春芳和张忠民分别荣获“第五届黄汲清青年地质科学技术奖——地质科技研究者奖和野外工作者奖”。石油专委会荣获“中国地质学会第 38 届理事会先进集体”和“2010 年度中国地质学会科普工作先进集体”，尚建国荣获“中国地质学会第 38 届理事会先进工作者”。

2012 年，主办页岩油资源与勘探开发技术国际研讨会、第六届全国油气化探学术会议、第八界全国石油地质实验技术学术交流会等各类学术会议 4 次，参会代表 700 余人。积极协助中国地质学会做好《找矿战略行动纲要》组织工作，编写了《“十一五”石油地质学科进展》的找矿战略行动纲要，参加中国地质学会分子机构和省级地质学会秘书长工作会议并做了“夯实基础、探索前沿，搭建平台、加强交流——发挥科技的支撑与引领作用”的找矿突破行动初步工作设想工作汇报。组织准备中国地质学会对专业委员会的检查和评估，孙冬胜秘书长代表第六、七届石油地质专业委员会向孟宪来副理事长做了“搭建平台、加强交流——发挥科技的支撑与引领作用”的工作报告。在人才举荐方面，组织了“孙越琦奖”“何梁何利奖”的推荐工作。金之钧主任荣获 2012 年度“孙越琦能源大奖”，张忠民荣获“第五届黄汲清青年地质科学技术奖——野外工作者奖”；推荐刘全有博士为青年委员会委员。专委会推荐的“鄂尔多斯盆地油气成藏规律和主控因素研究”获得 2012 年“国土资源部科学技术奖”二等奖；推荐的“中西部碎屑岩层系大中型油气田富集规律与勘探关键技术”荣获 2012 年度“中国地质学会十大地质科技进展”。

2013 年，主办 AAPG Hedberg Research Conference “Fundamental Controls on Petroleum Systems in Lower Paleozoic and Older Strata”学术会议、第五届中国石油地质年会等 4 次学术会议，参会代表 1800 余人。协助中国地质学会组织第七届世界华人地质科学研讨会中“能源开采与可持续发展”分会场召集。组织了“孙越琦奖”“何

梁何利奖”、“青年地质科技奖”推荐工作。金之钧主任增选为中国科学院院士；推荐的朱东亚荣获第十四届“青年地质科技奖——金锤奖”、朱光有荣获2013年度“中国青年科技奖”。期刊工作获得突破，主办的《石油与天然气地质》被EI收录。

2014年，主办中国非常规油气勘探开发理论与实践——中国志留系非常规油气勘探开发研讨会等、首届海相层系油气盖层与保存学术研讨会等3个学术会议，参会代表500人。推荐的邱楠生、云露荣获第七届“黄汲清青年地质科学技术奖——野外工作者奖”；刘全有荣获2014年度第二十三届“孙越崎青年科技奖”。

2015年，主办盖层研修班、塔里木盆地深部构造与油气远景研讨会、油气成藏体系新进展学术研讨会等6个学术会议，参会代表2000余人。推荐的刘全有荣获2015年“侯德封青年科学家奖”；推荐徐婷为“中国青年女科学家”候选人、刘全有为“中国青年科学家”候选人、周波为“中国地质学会青年地质科技奖”候选人；推荐李丕龙为中国工程院院士候选人，推荐刘文汇为中国科学院院士候选人。

2016年，主办海相碳酸盐岩储层成因机理与分布预测等10次学术会议，参会代表2100余人。编写《第35届国际地质大会专家名录》、准备相关展板材料等。推荐李慧莉参评“中国青年女科学家奖”、杨伟利参评“青年野外地质奖”；推荐的刘全有获“黄汲清青年地质科学技术奖”。

分支机构 2011—2016 年主要工作

水文地质专业委员会

石建省

张兆吉

水文地质专业委员会

主任委员：石建省　秘书长：张兆吉

地　址：河北省石家庄市中华北大街268号水环所

邮政编码：050061

● 组织召开水文地质专业学术年会

2011 年 8 月，在新疆乌鲁木齐召开了中国地质学会水文地质专业委员会 2011 年年会暨地下水循环与环境研讨会，160 余人参加了会议，共收到会议论文 120 篇。2011 年 9 月，在北京组织召开了“大型盆地地下水系统演化国际研讨会”，90 余人参加了会议，收到了国内外投稿 60 余篇。在中国地质学会 2011 年年会期间，专业委员会承办了水文地质学科发展的机遇与挑战暨地下水—经济耦合与调控分会场。2012 年 10 月，组织召开了中国地质学会水文地质专业委员会 2012 年年会暨气候变化与地下水环境研讨会。2013 年 10 月，在四川成都组织召开了 2013 年年会暨地下水与生态学术研讨会。2014 年，组织、筹备、举办了中国地质学会水文地质专业委员会 2014 年年会暨地下水与可持续发展学术研讨会。2015 年，组织、筹备、举办了中国地质学会水文地质专业委员会 2015 年年会暨地下水高效利用与可持续发展研讨会。2015 年 10 月，组织召开了中国地质学会 2015 年年会分会场会议。2016 年，组织召开了 2016 年年会暨地下水资源与地热资源可持续利用研讨会。

● 积极参加抗旱打井

2011 年春天，华北地区发生严重干旱，水文地质专业委员会积极投入到抗旱第一线，充分发扬不怕吃苦、顽强奋斗、无私奉献的精神，争分夺秒，精心施工，多打井、打好井，在最短的时间内完成了抗旱找水打井任务，为解决旱区群众的困难发挥最大的作用，提前完成了中国地质调查局部署的 40 眼井的抗旱打井任务，为缓解旱区旱情做出了突出贡献。

推选“金罗盘奖”候选人

积极推荐第一届“中国地质学会野外青年地质贡献奖——金罗盘奖”候选人，所推荐的冯创业同志荣获“金罗盘奖”。

参加公益活动

2014 年 11 月 8 日，参加节水、爱水、护水社区公益宣传活动。通过深入社区的节水宣传活动，用科学的方式和客观的数据来警醒人们，让更多的人参与节水，把节水当成一种生活习惯。活动现场邀请专家就本次居民节水意识及节水措施调查情况，讲解节水的重要意义及南水北调的重要性，并现场解答居民关于生活用水水质、水量等问题。此次活动热心居民共 400 余人参加，共同倡导节水理念，传递节水力量。

编辑出版科普图书

2014 年，编辑出版了两本科普图书《华北地区地下水》《孢粉的秘密》。

积极参加科普活动

2011 年，在西清公园组织了纪念第 42 个“世界地球日”暨科技活动周活动，发放了“珍惜地球资源，转变发展方式”等科普宣传单及购物袋，讲解地球科普常识，为河北地质大学广大师生做了题为《珍惜水资源 倡导低碳生活 保护地球 从我做起》的科普报告。2012 年，参加了河北省纪念第 43 个“世界地球日”宣传活动，举办了主题展览，举办了“善待地球低碳出行”自行车队出发仪式、“节约资源 从我做起”文艺演出、地球日科普讲座、免费参观地球科学博物馆等地球日宣传活动，受到大家的欢迎。2013 年，举办了第 44 个“世界地球日”主题宣传活动，开展了骑行宣传、科普游园、主题演讲、地球科学馆免费开放、学术报告等系列活动。2014 年，举办了第 45 个“世界地球日”科普宣传活动，为石家庄经济学院全校师生做了题为《珍惜有限水源 合理利用土地》的科普报告，举办了“珍惜有限水源，保护生态环境”主题展览。2015 年，参加了河北省纪念第 46 个“世界地球日”宣传活动启动仪式，为广大师生作了题为《珍惜地下水资源，保护地球环境》的科普报告。2016 年，发布公益短片《节约集约利用资源 倡导绿色简约生活》，组织了第 47 个“世界地球日”主题宣传活动，倡导节约集约利用资源，低碳绿色出行，为河北地质大学广大师生作了题为“节约利用资源，美好生活的必然选择”的科普报告。

2016 年 9 月 17—23 日，积极参与由中国科学技术协会主办、中国地质学会等承办的 2016 年“全国科普日”北京主场——“健康伴我行”活动，活动以“水与健康”为核心内容，精心准备 11 块展板，借助科普宣传传单，主要介绍地下水形成、地下水污染防治、地热资源利用、水与健康等内容。利用现场测试仪器设备进行水质检测，同时开展水文地质专家面对面活动环节，宣传地下水资源的宝贵及地下水污染防治的有关知识。活动期间，共接待参观者 2000 余人。

分支机构 2011—2016 年主要工作

岩溶地质专业委员会

姜玉池

裴建国

岩溶地质专业委员会

主任委员：姜玉池　　秘书长：裴建国

地　址：广西壮族自治区桂林市七星路50号岩溶所

邮政编码：541004

● 学术会议

2011—2016 年，岩溶地质专业委员会共召开 7 次学术会议（其中包括 2 次承办中国地质学会分会场），参会人数 812 人，收到会议论文 251 篇，学术报告 199 篇，每次会议都编印了《学术研讨会论文（摘要）汇编》。具体学术会议包括：碳循环与全球变化研讨会（2011 年）、岩溶水文地质研讨会暨第十八届全国洞穴学术会议（2012 年）、岩溶环境问题与对策学术研讨会（2013 年）、岩溶资源与油藏岩溶储层研究学术研讨会（2014 年）、应对全球气候变化地质调查与研究专题研讨会（2015 年）、岩溶地下水污染调查评价研讨会（2015 年）、岩溶地下水开发利用专题研讨会（2016 年）。每次学术会议重点突出，内容丰富，新成果、新观点、新认识纷呈，让人耳目一新。

● 科普活动

2011—2016 年，共举办以“世界地球日”“科技活动周”为主的岩溶专题科普活动 20 多次，岩溶科普活动形式多样，包括讲座、海报、科普展览、发放宣传资料、现场参观等活动，充分发挥中国岩溶地质馆科普教育基地、野外研究基地、国际岩溶研究中心、重点实验室等的科普作用开展科普活动，大约有4000人次参观学习。此外，还经常通过新闻媒体宣传岩溶科普知识，科普类电视栏目多以地质科考为线索，以普及地学知识为宗旨，在带着观众感受大自然神奇魅力的同时，传播科学知识，覆盖面更广、成绩更显著。

● 咨询服务

多年来，岩溶专业委员会积极参加公益性社会服务工作和技术咨询工作，积极参加西南地区和北方地区抗旱救灾工作、广西地质灾害应急防治工作、广西龙江河镉污染源调查等，发挥岩溶水文地质专业优势，为当地政府部门和群众提供了技术支持。

2013年“4·20”芦山地震后，由岩溶地质专业委员会主任姜玉池为组长，岩溶地质专业委员会副主任张发旺为副组长的抗震救灾应急专家组，奔赴芦山地震灾区沐川县，开展地质灾害应急排查工作，总结分析了震后地质灾害隐患点的变化特征、影响因素、防治对策，为地质灾害的监测预警、避让搬迁、工程治理和应急排险等提供了重要依据。

2014—2016年，岩溶地质专业委员会顾问袁道先院士、岩溶地质专业委员会常务副主任蒋忠诚研究员等多次为中国南方喀斯特世界自然遗产地申请、保护、管理规划建言献策，提供技术咨询，全力支持文化遗产和自然遗产的保护和合理发展。

分支机构 2011—2016 年主要工作

煤炭地质专业委员会

张　群

靳秀良

煤炭地质专业委员会

主任委员：张　群　秘书长：靳秀良

地　址：陕西省西安市高新区锦业一路82号

邮政编码：710054

● 学术年会

2011 年 10 月 13—14 日，2011 西安—煤矿安全高效开采地质保障技术国际研讨会在西安举行，300 余人出席会议。会议征集国内外论文 113 篇，其中，67 篇的英文版被世界知名科技出版公司 Elservier 主办的 *EarthPlanetary Science* 期刊录用，正式出版发行。

2012 年 9 月 27—29 日，2012 煤矿安全高效开采地质保障技术研讨会在云南腾冲隆重召开，来自国内的近 80 名代表参加了会议。

2013 年 9 月 28—30 日，2013 煤矿安全高效开采地质保障技术研讨会在厦门召开。近 150 名领导、专家学者和专业技术人员参加了会议。

2014 年 9 月 29 日，2014 年煤炭安全高效开采地质保障技术研讨会在海口召开。140 余名代表参加了会议。会议征集并录用论文 103 篇。

2015 年 9 月 29 日，2015 年煤炭安全高效开采地质保障技术研讨会在广东珠海隆重召开，140 余名代表参加了会议。10 月 9—11 日，中国地质学会 2015 学术年会在西安市陕西宾馆隆重召开；10 月 10 日，由煤炭地质专委会主办的第 20 分会场“煤炭开采地质条件精细探查技术与装备”学术交流活动，来自国内 80 多名代表参加了会议。

2016 年 9 月 29 日，2016 年煤炭安全高效绿色开采地质保障技术研讨会在广西北海隆重召开，140 余名专家、学者参加了会议。

● 科普活动

作为庆祝中国地质学会成立 90 周年的系列纪念活动，也为进一步普及地质科学知识，煤田地质专委会于 2012 年 8 月 22 日组织开展了“翠华山地质科普行”活动。为宣传和普及煤炭地质和煤炭开采技术知识，开阔技术人员的视野，增强对煤炭赋存地质条件和矿井生产这一复杂系统工程的认识，使未下过矿井的女员工切身感受煤矿井下生产工作环境，2013 年 10 月 30—31 日，煤炭地质专业委员会组织到山西运城职业技术学院教学矿井开展“煤炭地质和开采科普活动”。

● 换届工作

经过两年半的筹备，2015 年第八届煤炭地质专业委员会经中国地质学会批复成立。本届委员会共有委员 52 名，设主任委员 1 名、副主任委员 1 名、正、副秘书长各 1 名，聘请名誉主任 2 名，委员 50 名。专委会挂靠在中煤科工集团西安研究院有限公司，“煤田地质专委会”更名为“煤炭地质专委会”。

● 建言献策

2013 年 3 月 27 日至 5 月 1 日，煤田地质专委会推荐彭苏萍院士赴贵州，围绕第十五届中国科协年会重要活动之一的“贵州省党政领导与院士专家座谈会”的前期专题调研工作，与贵州省发改委等省直部门一同开展调研工作，在 5 月 26 日与贵州省党政领导面对面交流，为贵州省省科学发展、后发赶超，与全国同步小康建言献策，提出真知灼见。

2014 年煤田地质专委会向国家能源局油气司等部门提交“十三五”期间国家科技重大专项“煤炭与煤层气协调开发关键技术”重点工作的建议，其中“提质增量，增加示范基地”等建议已在多个层级研讨会议上进行讨论。向国家安全生产监督管理总局科技装备司等部门提交“煤矿隐蔽致灾因素普查技术与装备”等材料，部分意见、建议已汇入煤炭工业出版社出版的《煤矿隐蔽致灾因素普查技术指南》一书中。

2015 年，煤炭地质专委会参与编制国家油气重大专项“煤层气与煤炭协调开发关键技术” “十三五”规划编制工作。另外，为国家安监总局和煤监局提出的“煤矿水害防治科技发展对策”建议并已正式发布。

分支机构 2011—2016 年主要工作

地质教育研究分会

王成善

刘大锰

地质教育研究分会

主任委员：王成善　　秘书长：刘大锰

地　址：北京市海淀区学院路29号中国地质大学(北京)

邮政编码：100083

● 就地质人才和地质教育发展积极建言献策

2011 年，向全国政协提交《关于建设国家级地学实习基地的建议》的提案；分会名誉会长赵鹏大院士向国务院总理简要汇报了我国地质教育现状及问题，并提出三条建议。分会牵头完成《地质人才、地质学科、地质教育发展战略》课题报告，提出了创新人才开发机制、实施地质找矿一线紧缺人才培养工程、“卓越工程师”教育培养计划、地勘行业高技能人才振兴计划等建议，为《国土资源中长期人才发展规划（2010—2020 年）》所采纳。

2011—2016 年学术活动一览表

序　号	类　型	主　题	时　间	规　模	承办单位	地　点
1	专题研讨	地质院校“十二五”发展规划交流研讨会	2011.5	50	中国地质大学（北京）	北京
2	年会	地质人才培养模式改革与实践教学创新	2011.11	80	中山大学	广州
3	专题研讨	地质教育科学发展热点问题及对策座谈会	2012.4	30	中国地质大学（北京）	北京
4	专题研讨	“卓越工程师教育培养计划”实施情况	2012.9	20	中国地质大学（北京）	北京
5	年会	地学人才培养论坛	2012.10	400	中国地质大学（北京）	北京
6	年会	产学研结合教学基地建设与卓越工程师培养	2013.5	90	福州大学	上杭
7	专题研讨	提高地质教育质量	2013.7	30	中国地质大学（北京）	北京

续 表

序 号	类 型	主 题	时 间	规 模	承办单位	地 点
8	专题研讨	国土资源“卓越计划”专题调研会	2014.9	20	吉林大学	长春
9	年会	全面深化地质教育综合改革	2014.9	100	吉林大学	长春
10	年会	全面深化地质教育改革——育人、学科、教学	1015.10	100	中国矿业大学	徐州
11	年会	“十三五规划”交流研讨	2016.10	100	中国地质大学（武汉）	武汉

● 组织全国大学生地质技能竞赛

全国大学生地质技能竞赛参赛情况一览表

届 别	参赛学校	参赛队	参赛人数	增长率 /%	承办学校
一	26	61	183		成都理工大学
二	40	104	312	70	中国地质大学（北京）、北京大学
三	51	140	423	35	吉林大学
四	55	148	444	5	中国地质大学（武汉）

● 组织地质院校野外实践基地考察交流活动

地质院校野外实践基地交流活动一览表

序 号	学 校	基地名称	参会人数	时 间
1	西北大学	鄂尔多斯—秦岭教学实习基地	40	2015.5
2	长安大学	汉中凉山教学实习基地	40	2015.5
3	东华理工大学	江山教学实习基地	50	2015.11
4	河南理工大学	登封—宜阳教学实习基地	40	2016.4
5	吉林大学	兴城教学实习基地	60	2016.9
6	中国地质大学（武汉）	秭归教学实习基地	50	2016.10

● 获得荣誉

2011—2016 年，先后多次获得“中国地质学会年度学术活动先进集体”“中国地质学会年度信息化先进集体”“中国地质学会第 38 届理事会先进集体”“社会服务先进集体”等荣誉称号。

分支机构 2011—2016 年主要工作

第四纪冰川及第四纪地质专业委员会

王苏民

赵志中

第四纪冰川及第四纪地质专业委员会

主任委员：王苏民　秘书长：赵志中

地　址：北京市海淀区民族大学南路11号地质力学所

邮政编码：100081

● 学术交流

积极与地质公园研究分会合作，协助发起组织旅游地学与地质公园研究年会，突出第四纪地貌在地质遗迹、地质公园研究中所具有的学科价值，充分发挥第四纪地质学科在地质景观及地质旅游上的广阔应用前景，凸显其在学科理论及应用、促进地方经济社会发展上的重要作用。此外，与中国第四纪科学研究会合作，开展全国第四纪地质大会学术交流。

国际合作学术交流方面，2012 年，在喜马拉雅—喀喇昆仑—青藏高原（HKT）国际会议上展示交流中国第四纪冰川及第四纪地质研究成果；在欧洲地区地质遗迹与地质公园大会上受邀代表中国做题为“中国地质遗迹地质景观与地质公园”的大会主题报告。2014 年，在联合国教科文组织（UNESCO）地质公园大会上展示中国重要地质遗迹特征展板报告。

● 咨询服务

第四纪是距现今最近的一段地球历史，与人类关系密切，有“人类纪”之称，第四纪环境是现今及未来环境变化的历史相似形，是地质学的重要分支学科，同现今人类社会紧密结合，具有广阔的应用前景。专委会从第四纪地质学应用角度，积极开展科技咨询及社会服务工作。2011 年来的咨询服务工作主要有：

中东部地区，开展湖南大围山第四纪冰川遗迹调研及指导地质博物馆布展工作，服务大围山地质公园建设评估，开展大围山冰川遗迹保护咨询支持。受地方委托，进行大兴安岭北段的漠河及张广才岭的凤凰山地区的第四纪冰川遗迹资源进行调研，以支持地方建设地质公园，保护开发冰川遗迹资源。

西部地区，受地方邀请开展云南大理苍山、青海同仁的阿米夏琼山、青海格尔木昆仑山等地区的第四纪冰川地质遗迹调研规划，服务于区域冰川遗迹资源调查、保护与开发。

● 科普活动

结合每年的 4 月 22 日“世界地球日”，开展系列科普活动。对社会公众和广大学生开放李四光纪念馆，宣传李四光的学术成就、卓越贡献、科学思想和伟大生平；开放第四纪环境实验室，介绍第四纪地质科学实验的技术方法和仪器设备，以及相关的研究领域、研究内容及科研成果；制作相关科研成果和知识的展板；组织有关专家开展地质遗迹、地质环境、全球变化等方面的咨询。

与中央电视台 10 科教频道合作，开展相关科普节目制作。作为野外和室内解说专家制作了《阿拉善沙漠奇观》《广西大化岩溶地貌》《福建白云山冰川遗迹》等节目，开展第四纪环境的科普宣传。

分支机构 2011—2016 年主要工作

矿山地质专业委员会

王京彬

徐国端

矿山地质专业委员会

主任委员：王京彬　秘书长：徐国端
地　址：北京市安外北苑五号院4区有色地质大厦1102室
邮政编码：100814

● 学术活动

2011 年 10 月 21—23 日，全国大型矿山地质成果暨学术交流会在蓬莱举行，与会代表 75 人，大会交流论文 61 篇。

2012 年 8 月 9—10 日，矿山深部找矿理论与实践暨矿山工艺矿物学研究学术交流会在桂林举行，与会代表 79 人，大会交流论文 60 篇。

2013 年 8 月 21—13 日，全国生产矿山提高资源保障与利用效益及深部找矿成果交流会在曲靖举行，与会代表 200 人，大会交流论文 76 篇。

2014 年 9 月 18—19 日，第四届中国青年矿山地质学术会议在厦门举行，与会代表 50 人，大会交流论文 30 篇。

2015 年 8 月 16 日，中国矿山地质学术会议在北京召开，参会单位 38 个，会议代表 40 人，提交论文 38 篇，选出优秀论文 9 篇。

2016 年 11 月 8—12 日，中国矿山地质成果暨学术交流会在桂林召开。来自矿山企业、地勘单位、科研院所等单位的代表共计 217 人参加了会议。

2011—2016 年，矿山地质专委会先后在蓬莱、桂林、曲靖、厦门、北京、桂林召开 6 次学术交流会，邀请院士、专家及各地矿山地质工作者到会做学术报告，与会代表约 700 余人，对当前矿山地质热点学术问题，成矿理论与找矿方法，成功经验与实践效果等进行了交流研讨。收到论文近 265 篇，正式出版论文集 3 本，对我国矿山地质学术界产生了重要影响。

● 咨询服务

努力做好，为矿山企业提供技术咨询服务，为矿山排忧解难。组织并联合产业部门、大专院校和研究单位，为凡口铅锌矿申请矿区深部及外围找矿科技支撑项目，由北京矿产地质研究院、中南大学和凡口铅锌矿共同承担，已于 2012 年提交了研究成果。

2013—2014 年，组织并联合北京矿产地质研究院、地科院矿产资源所、广州地球化学研究所共同筹划申报“青海锡铁山地区铅锌成矿规律与找矿方法技术集成”项目，已将院士、专家意见上报有关部门。

有针对性地协助一些亟待寻找资源的矿山，做好项目申报工作，为矿山企业提供国内矿业市场相关信息。

● 期刊图书

矿山地质专业委员会积极利用《矿山地质》刊物，编辑出版矿山地质科技、生产管理方面的论文，大力宣传矿山的业绩、人才、资源、生产管理及现代化建设方面的成果，受到生产矿山的肯定与欢迎，起到了宣传、鼓励、弘扬正能量的应有作用。共出版《矿山地质》刊物 14 期，发表论文 150 余篇。

2015 年，为宣扬我国矿山地质成就和经验，专委会组织相关专家，重新修订编辑出版了《矿山地质选集》，共计 10 卷 1000 万字。该书引导矿山地质年轻一代开展矿山地质理论研究，提高了我国矿山地质学术水平。

分支机构 2011—2016 年主要工作

勘查地球化学专业委员会

朱立新

史长义

勘查地球化学专业委员会

主任委员：朱立新　秘书长：史长义

地　址：河北省廊坊市广阳区金光道84号物探所

邮政编码：065000

● 举办 7 次大型学术会议，促进国际国内学术交流与合作

2011 年 11 月 4—5 日，承办了中国地质学会 2011 年学术年会第 3 分会场——勘查地球化学理论与技术分会场暨第十届全国勘查地球化学学术讨论会。2012 年 9 月 21—26 日，与中国地质学会石油地质专业委员会等多家学术机构联合主办了第六届全国油气化探学术会议。2013 年 6 月 14 日，承办了第七届世界华人地质科学研讨会第六分会场“勘探地球物理和勘查地球化学”。2013 年 7 月 23—25 日，举办了第十一届全国勘查地球化学学术讨论会，2013 年 10 月 17—20 日，承办了中国地质学会 2013 年学术年会第 6 分会场——勘查地球化学理论与技术分会场。2015 年 10 月 10—11 日，承办了中国地质学会 2015 年学术年会勘查地球化学理论与技术分会场。2016 年 5 月 12 日，积极配合挂靠单位组织开展了联合国教科文组织全球尺度地球化学国际研究中心揭牌仪式。

● 开展科普活动，出版科普作品，提升全民科学素质

2016 年 4 月 22 日，与挂靠单位共同组织了在福建省龙海市中心小学举办的以“土地质量与绿色生活”为主题的地球日宣讲活动；专委会委员发表科普文章《地球化学元素图谱与衣食住行》；常务副主任委员兼秘书长史长义于

5 月 18 日携“化学地球”全球多尺度地球化学数据管理平台研发团队参加了 2016 年廊坊“5 · 18”国际经济贸易洽谈会。

● 深入基层一线，增进沟通与交流，做好科技服务

2012 年，调研内蒙古自治区国土资源厅、内蒙古自治区地质勘查基金管理中心、内蒙古自治区地质调查院，就化探方法技术如何满足新形势下的找矿需求进而助力找矿突破进行了沟通和交流；参加“内蒙古自治区找矿突破战略行动实施方案”研讨会，同时为中国地质学会成立 90 周年提交化探学科发展报告等。2013 年，到安徽省勘查技术院进行调研，交流了目前勘查地球化学工作的重点方向和工作思路；参加了在内蒙古自治区扎兰屯市召开的东北地区 1 ∶ 5 万化探方法技术培训会，培训了技术理论与野外实践流程；参加了在广西南宁举办的地球化学填图培训研讨会，为亚洲国家培训地球化学填图人员；参加了内地沿海地区区域地球化学方法技术研讨会。2014 年，赴广西桂林岩溶地质研究所、中国科学院分别调研了联合国教科文组织岩溶研究中心和联合国教科文组织国际自然与文化遗产空间技术中心，为挂靠单位全球尺度地球化学国际研究中心的筹建工作打下了基础。2014 年，参加了中国科协召开的学会调研座谈会并作重点发言。2015，主任委员朱立新赴甘肃、山东、江西等地进行授课，促进勘查地球化学技术的传播与交流；参加了在河北廊坊召开的塞曼测汞仪技术研讨会，做汞的勘查地球化学技术与产品综述；主任委员朱立新、副主任委员兼秘书长史长义作为专家参加了教育部工程教育认证的工作。

● 开展人才与成果举荐，做好会员服务

2013 年，成功申报了中国地质学会 2013 年度“十大地质科技进展”“十大地质找矿成果”1 项。2015 年 6 月，推荐挂靠单位刘亚轩参评并被授予第十五届“青年地质科技奖——银锤奖”。2016 年 4 月 5 日，推荐专委会委员张勤参评中国科协第七届“全国优秀科技工作者”。

分支机构 2011—2016 年主要工作

矿床地质专业委员会

毛景文

邢树文

矿床地质专业委员会

主任委员：毛景文　秘书长：邢树文

地　址：北京市西城区百万庄大街26号资源所

邮政编码：100037

● 顺利完成换届组建，谋发展献言献策

2015 年 1 月，经中国地质学常务理事会会议（通讯）审批，矿床地质专业委员会成立了第八届委员会，主任委员由毛景文研究员担任，副主任委员分别由傅秉锋研究员、邓军教授、董连慧教授级高工、胡瑞忠研究员、李文渊研究员、李子颖研究员、王京彬研究员、卿敏教授级高工担任，秘书长由邢树文研究员担任。

● 促进科技进步，加强学术交流

作为第一发起单位，分别于 2012 年、2014 年、2016 年在贵阳、厦门、合肥召开了第十一届、第十二届、第十三届全国矿床会议，每次会议规模均达到 1000 人左右，来自高校、科研单位、地勘单位、矿业公司和矿政管理部门的业内人士在这一平台上开展交流和融合，构建中国矿业梦，实现中国矿业梦。

2014 年，协办了第十四届国际矿床成因大会，时任国际矿床成因协会主席毛景文研究员认为此次会议“整体与国际更加接轨，包括学术会议科学家唱主角，科研教学单位参会比较多，学生参会也比较多，中国学者的科研和外语水平普遍提高”；作为发起单位之一，分别于 2011 年、2013 年、2015 年在昆明、桂林、长沙召开了第五届、第六届、第七届全国成矿理论与找矿方法学术研讨会；协助中国地质学会组织我国科学家参加第三十五届国际地质大会，向中国地质学会提交了矿床地质专业综述 1 份，展板材料 3 份。

● 广泛开展地学科普活动，努力提高全民科学文化素质

近 5 年来，每年“世界地球日”期间均在北京紫竹苑公园东门举办科普展览活动，通过展示展板、实物，发放科普图书、杂志及印刷品，普及地质学、矿床学基础知识。每年在科技周期间或不定期举办一系列科普讲座，邀请多名

矿床学界的知名专家做科普报告，取得了良好的社会效果。2015 年与新疆若羌县第一小学共建了“地学科普教育室”，以宣传“地学知识与文化”为主导，通过“上天”“入地”“下海”三大主题墙展示，向小学生们普及地学知识，弥补西部偏远地区科普资源匮乏的局面。

积极参加《中国大百科全书》（第三版）的编写工作，由陈毓川院士任矿产资源分支的主编，毛景文主任、邓军副主任为副主编，现已完成了大部分条目的编纂工作。

● 关注学科发展动态，打造精品期刊

《矿床地质》期刊创刊于 1982 年，由中国地质学会矿床地质专业委员会、中国地质科学院矿产资源研究所主办，每年出版 6 期，总印数 5000 余册。期刊每年召开编委会会议 1~2 次，评选优秀论文及优秀审稿人，促进其健康发展。

● 大力做好优秀人才举荐工作，推动科技创新

专业委员会严格按照规定的标准和程序，向中国地质学会推荐多位中国科学院院士候选人、“青年地质科技奖”候选人等，并每年积极推荐优秀项目参与“国土资源部科学技术奖”“中国地质学会十大地质科技进展”等评选。

分支机构 2011—2016 年主要工作

青年工作委员会

丰成友

王　猛

青年工作委员会

主任委员：丰成友　　秘书长：王　猛

地　址：北京市东城区朝阳门北大街38号五矿广场A座5层

邮政编码：100010

● 复建青工委，引领青年地质工作者成长成才

2012 年，经民政部、中国科协批准复建了中国地质学会青年工作委员会（简称“青工委”），第四届青工委共有委员 122 人。5 月 4 日，中国地质学会首届找矿突破战略行动青年论坛暨青年工作委员会成立大会在京隆重举行。中国地质学会青年工作委员会在会上向全国青年地质工作者发出了积极投身找矿突破战略行动的倡议。

● 创办全国青年地质大会，搭建青年地学学术交流平台

2013 年 4 月 17—18 日，以“青年地质工作者——争做地质找矿的先锋”为主题的首届全国青年地质大会在福州举行。此次大会有来自全国 130 余个单位的 450 余名地球科学领域的杰出青年及年轻地学工作者参会。

2015 年 4 月 18—19 日，第二届全国青年地质大会在成都成功召开。500 余名青年地质工作者齐聚一堂，分享地球科学最新研究成果。会议颁发了第一届“野外青年地质贡献奖——金罗盘奖”。

2017 年 4 月 15—17 日，以“青年地质工作者——争做‘一带一路’建设的生力军”为主题的第三届青年地质大会在西安召开。700 多名地质青年围绕 10 个专题进行了热烈而深入的研讨，参加单位多达 189 个，口头报告近 300 个。

三次会议在国内外著名学术期刊《地质学报》《地质通报》《矿床地质》《水文地质工程地质》《西北地质》*International Journal of Geoheritage* 等出版了 10 部次，发表论文摘要 1200 多篇。

● 创新交流方式，举办系列特色学术沙龙和论坛活动

2012 年 9 月 16—23 日，以朱立新秘书长为团长的 18 人中方代表团参加了在意大利科森察省卡拉布里亚大学

召开的首届中意地球科学论坛。该论坛由中国地质学会青年工作委员会和意大利地质学会青年分会联合举办，以“中国和地中海地区的矿床对比及地质演化”为主题，来自中国、意大利两国的近 50 名代表参加了会议。

2013 年 6 月 22—23 日，联合举办了第三届 Geopark 国际论坛。2013 年 8 月 24—25 日，青工委首届矿产资源战略研究工作会在辽宁丹东举行。2014 年 10 月 25—26 日，由中国科学技术协会主办、中国地质学会青年工作委员会承办、中国科学院老科学技术工作者协会协办的以“观念与创新：非常规地质”为主题的第 93 期新观点新学说学术沙龙在北京成功举行。50 余位专家、学者参加了沙龙讨论。

2016 年 7 月 8 日，中国地质学会青年工作委员会在北京举办了以“青藏地质过程及能源资源效应”为主题的首期青年地质论坛，相关专家学者、研究生 30 余人参加了本次论坛。2016 年 9 月 24 日，青年矿业领军者论坛首次亮相中国国际矿业大会，搭载国际矿业平台，展示国内青年学者风采。来自中国地质科学院、中国地质调查局成都地质调查中心、中石油勘探开发研究院等单位的 9 名青年学者，围绕青藏高原油气资源、沉积演化等，向国内外展商及观众介绍其在国内外矿业领域的最新研究成果。

● 加强组织机构建设，青年地质人才不断涌现

相继成立了贵州省地质学会青年工作委员会、安徽省地质学会青年工作委员会、江苏省地质学会青年工作委员会、江西省地质学会青年工作委员会、广东省地质学会青年工作委员会、中国地质学会青年工作委员会资源经济分委员会等。

付修根委员入选科技部“中青年科技创新领军人才计划”；陆现彩委员为“国家杰出青年科学基金”获得者，郭华明、左仁广为“优秀青年科学基金”获得者；委员中有 2 位获得“青年地质科技奖——金锤奖”，6 位获得“银锤奖”，3 位获得“金罗盘奖”。

左仁广委员获得“国家自然科学基金优秀青年基金”资助，纪占胜获“中央国家机关青年五四奖章”（2012 年），王猛当选世界青年地球科学家（YES）联盟主席，蔚东英再次当选国际地理联合会地质公园委员会主席，杨日红、黎清华、付修根、郭华明入选第一批“国土资源杰出青年科技人才培养计划”，多人入选中国地质调查局首批“高层次地质人才培养计划”和“青年地质英才计划”。

分支机构 2011—2016 年主要工作

勘探地球物理专业委员会

韩子夜

方　慧

勘探地球物理专业委员会

主任委员：韩子夜　　秘书长：方　慧

地　址：河北省廊坊市金光道84号物探所

邮政编码：065000

● 顺利完成专委会换届工作

2013 年，完成了勘探地球物理专业委员会换届工作，新一届委员会由 15 个部门、52 个单位、58 位委员组成，挂靠单位为中国地质科学院物化探研究所。组织召开了第八届专委会第一次会议，会议充分肯定了第七届专委会的工作，审议通过了《勘探地球物理专业委员会第七届委员会工作总结报告》和专委会《章程》，为专委会委员颁发了聘书。

● 组织召开学术会议

组织召开了勘探地球物理 2011 年、2013 年、2015 年学术交流会及第一届全国油气勘探地球物理学研究生学术交流论坛等学术活动，参会人数超过 600 人次，展示、交流与研讨了在矿产资源调查、能源勘查、矿山深部与外围找矿、矿产资源风险勘探、水工环源调查等方面物探技术研究、开发和应用的新成果、新认识与新经验；收到论文 248 篇，其中，113 人在年会上做了论文选读和交流，推荐期刊发表论文 34 篇。

● 积极开展技术培训和技术服务

组织或配合开展了青海地区物探找矿方法技术培训研讨班和第八届、第九届、第十届电法、地震、测井方法技术培训班等，得到了行业、当地政府和地勘单位的高度重视和高度赞扬。

● 编辑出版科普图书

发挥专业委员会的专业技术特点，专委会会员郭友钊先后出版了《分享海洋》和《沐雪燃冰——中国冻土区天然气水合物新能源发现始末》，内容丰富，科学严谨，突出科学性、知识性、趣味性。

● 优秀科技人才和成果推荐工作

组织“青年地质科技奖”、院士推荐、“十大地质科技进展”等的推荐工作。肖都获得 2011 年“银锤奖”；“时间域固定翼航空电磁勘查系统研发”成果获得中国地质学会 2011 年度“十大地质科技进展”。

● 组织专题学术研讨会

按照学会要求，专委会组织专家就如何发挥勘探地球物理在找矿突破战略行动支撑作用、勘探地球物理技术优势和寻找突破关键点的问题进行了深入广泛研讨；完成了“发挥勘查地球物理技术优势，全力支撑找矿新突破”建议，整理出版《中国地质学会“找矿突破战略行动”建言献策汇编》。

● 接受中国地质学会评估

按要求，中国地质学会对专委会组织机构、运行状况、学术交流、工作重点和下一步工作设想等情况进行了评估，肯定了专委会的工作和取得的成绩，但对专委会存在的问题与不足也提出了宝贵的意见和建议。

分支机构 2011—2016 年主要工作

境外地质矿产研究分会

王瑞江

梅燕雄

境外地质矿产研究分会

主任委员：王瑞江　　秘书长：梅燕雄

地　址：北京市西城区百万庄大街26号地质所

邮政编码：100037

2014 年 7 月，中国地质学会批准成立境外地质矿产研究分会。同年 10 月，同意境外地质矿产研究分会第一届委员会组成人选，王瑞江任会长，梅燕雄任秘书长。境外地质矿产研究分会挂靠中国地质科学院矿产资源研究所。12 月，中国地质学会境外地质矿产研究分会在北京召开成立大会暨“一带一路”研讨会。

● 举办境外地质矿产研讨会，承办相关专题讨论会，发挥学术交流平台作用

2015 年 10 月，境外地质矿产研究分会联合矿产资源研究所、地调局发展研究中心等单位，在西安举办首届境外地质矿产研讨会，裴荣富院士等 20 位专家作了精彩的学术报告。

2016 年 10 月，境外地质矿产研究分会联合矿产资源研究所、地调局发展研究中心等单位在上海主办第二届境外地质矿产研讨会。李廷栋院士、翟明国院士等 15 位专家做了精彩的学术报告，并就如何在新形势下推进境外地质调查国际合作、进一步发挥中国地质学会境外地质矿产研究分会重要作用等问题进行了座谈。

2016 年 5 月，在安徽合肥中国探矿者年会期间，协助中国地质调查局承办“一

带一路矿业合作的机遇与挑战”论坛。2016 年 11 月，在安徽合肥承办第十三届全国矿床会议“一带一路重要矿产研究及找矿勘查新进展”专题研讨会。

● 参加专题调研活动和学术报告会，发挥沟通桥梁作用和咨询服务作用

2016 年 4 月，应江西省地质矿产勘查开发局赣西北大队和宁夏地质学会邀请，梅燕雄秘书长分别在江西九江、宁夏银川作“‘一带一路’能源资源与矿业合作愿景”学术报告，畅谈古丝绸之路历史背景、国际战略形势、重要矿产资源分布规律、能源资源与矿业合作愿景。

2016 年 6 月，王瑞江会长、梅燕雄秘书长参加中国科学技术协会委托中国地质学会组织的“一带一路沿线矿产资源开发与合作”专题调研，汇总编写调研报告。9 月，参加在西安召开的陕西省党政领导与院士专家座谈会，调研组组长陈毓川院士做“‘一带一路’沿线矿产资源勘查开发合作建议”报告，向陕西省党政及中国科学技术协会领导提出了相关政策建议。

● 参加中国地质学会相关活动，推进境外地质矿产研究分会各项工作

2015 年 3 月，在山西太原参加中国地质学会 2015 年分支机构省级地质学会秘书长工作会议。2016 年 3 月，在湖南长沙参加中国地质学会分支机构和省级地质学会秘书长工作会议。根据中国地质学会总体工作部署，明确年度工作重点是办好境外地质矿产研讨会等系列学术活动。此外，为研究总结境外地质矿产研究分会工作、扩大境外地质矿产研究分会影响，2015 年 1 月，在国土资源报编辑发表元旦特稿《“一带一路”，点燃地质工作新梦想》。

中国地质学会授予境外地质矿产研究分会“2015 年度学术活动先进集体”“2016 年度单项工作先进集体”和“工作优秀奖”。

分支机构 2011—2016 年主要工作

岩石专业委员会

杨经绥

吴才来

岩石专业委员会

主任委员：杨经绥　　秘书长：吴才来

地　址：北京市西城区百万庄大街26号地质研究所

邮政编码：100037

● 积极主办学术会议，促进岩石学研究的发展

2011 年 10 月 14—19 日，全国岩石学与地球动力学研讨会在西安隆重召开。来自国内外不同研究机构和院校的 830 名正式代表参加了会议，会议共收到论文摘要 525 篇，在《地质构造》（2011 年全国岩石学与地球动力学研讨会摘要集）上出版，共记 712 页 120 万字。大会邀请莫宣学院士、陈旭院士、翟明国院士、张有学教授，以及袁洪林教授做了大会主题报告。大会共设置了 12 个专题，7 个分会场，分会专题报告 340 个，墙报展示 88 幅，同时还策划了秦岭黑河、秦岭洛南两条野外实地考察研讨路线。

● 积极参加学会的工作年会，为学会工作献言献策

作为学会领导下的分支机构，每年年初积极参加工作会议，为学会的工作献言献策。

● 发挥专业优势，多渠道参加社会科学普及活动

每年的“世界地球日”活动，邀请部分岩石学专家为中小学生讲解地球的岩石组成及其与人类生存的关系；积极

参加编写科普专著，如岩石专业委员会秘书长吴才来研究员亲自参加编写《岩石学相关问题解答》；组织博士生翻译国外相关的现代火山科普专著。通过多种渠道，不断地发挥专业优势和特长，经常性地为社会上非专业人群宣传、讲解相关的科普知识，为提高大众的科技水平做出应有的贡献。

● 组织参加其他专委会的学术会议

2015 年，中国地质学会大陆地壳与地幔研究分会在广西桂林召开华南大陆动力学学术研讨会，岩石专委会组织了 20 多名专家参加了会议，部分专家在会上还做了学术报告，内容包括华南古特提斯构造域和古太平洋构造域的大洋俯冲 - 陆壳增生和大陆碰撞造山作用、扬子板块与华夏板块的分界、华南岩石圈深部结构、华南新元古代活动大陆边缘基本特征、洋 - 陆转换与古生代板内构造 - 岩浆活动、花岗岩与成矿作用、大陆动力学过程等内容。

● 积极推荐优秀青年地质科技人才，为地质事业发展做出新的贡献

积极推荐优秀青年科技人才参加“金、银锤奖”评选活动。今年推荐青岛海洋大学的于胜尧教授参加学会的“金、银锤奖”评选活动。同时，专业委员会还为新组建的青年工作委员会推荐优秀的青年人，作为青工委委员的候选人，先后推荐了雷敏博士、李兆丽博士参加青工委，从而推动青年地质工作的发展。

分支机构 2011—2016 年主要工作

核地质专业委员会

李子颖

秦明宽

核地质专业委员会

主任委员：李子颖　　秘书长：秦明宽

地　址：北京市朝阳区安外小关东里10号楼核工业北京地质研究院

邮政编码：100010

● 组织建设

中国地质学会核地质专业委员会于 2015 年 6 月正式成立，并组建了第一届核地质专业委员会委员，经推荐产生了第一届专业委员会人选，共计 54 名，并得到中国地质学会第 39 届理事会第 21 次常务理事会议批准（地会字〔2015〕65 号）。核地质专业委员会主任委员由李子颖研究员担任，秘书长由秦明宽研究员担任（地会字〔2015〕64 号）。

2015 年 10 月 10 日，中国地质学会核地质专业委员会成立暨首次会议在西安市召开，30 余家单位代表出席了此次会议，中国地质学会朱立新秘书长亲自到会指导。与会人员就今后如何开展铀矿地质勘查专业学术活动，促进各单位之间互相交流、学习与合作，更好地发挥专业委员会的作用提出了意见和建议。

● 学术会议

为了促进核地质科技发展、科技人才的培养，积极参与中国地质学会的活动，经积极筹备，中国地质学会 2015 年学术年会“铀成矿作用与勘查技术研讨会”分会场会议于 10 月 11—12 日在西安召开。共 30 余位专家、学者做了学术报告，100 余名代表参加了会议。中国核工业地质局张金带副局长兼总工程师做了主题报告。经评选，《相山火山盆地三维地质建模及深部地质特征》等 7 篇论文荣获“优秀论文奖”。

为活跃学术气氛，交流核地质科研成果，由中国地质学会核地质专业委员会主办，核工业北京地质研究院与贵州省有色金属和核工业地质勘查局共同承办，核工业二八〇研究所和四川省核工业地质调查院协办的“全国铀成矿理论与攻深找盲技术方法”学术研讨会于 2016 年 11 月 4—6 日在贵阳召开，来自全国相关单位 160 多名铀矿地质工作者参加了会议。王成善院士、张金带研究员、李子颖研究员和胡瑞忠研究员分别做了大会特邀报告，并与会议代表进行热烈的讨论。会议围绕“铀矿勘查及成矿作用研究与讨论、深部找矿方法及综合预测评价研讨”设置了 3 个分会场，12 位代表分别做了分会场主题报告，55 位代表分别做了专题报告。会议共评选出 10 篇优秀论文。

● 国际交流

2015 年 11 月 23—26 日，由挂靠单位核工业北京地质研究院联合核地质专业委员会组织开展了“国际原子能机构（IAEA）3D 建模培训会”，由核地质专业委员主任委员李子颖研究员主持会议。来自核工业北京地质研究院、核工业航测遥感中心等单位 30 余位学员参加了培训，为国内铀矿地质领域开展三维预测评价工作奠定了良好基础。

为更好地为广大学员和核地质工作者服务，提供国际交流的近距离平台，核地质专业委员会拟联合核工业北京地质研究院等单位，于 2017 年举办一次铀成矿理论与找矿技术方法进展国际研讨会，方便广大会员及时掌握国外铀矿地质最新动态和进展，并提高会员的国际交流能力。

分支机构 2011—2016 年主要工作

矿产资源保护综合利用专业委员会

刘亚川

熊述清

矿产资源保护综合利用专业委员会

主任委员：刘亚川　　秘书长：熊述清

地　址：四川省成都市二环路南三段五号成都综合所
　　　　中国地质科学院矿产综合利用研究所科技处

邮政编码：610041

● 积极承担重要科研活动

2011—2016 年，专委会积极承担各类地质调查项目和社会服务项目，并以高质量、高效率完成。其中“沉积型粘土钒矿选矿富集新工艺技术研究”成果获得 2014 年度“国土资源科学技术奖”二等奖；“黑色页岩型粘土钒矿选矿试验研究”及“白马德胜青杠坪钒钛磁铁矿选矿新工艺研究”两项具有自主知识产权的科研成果达到国际领先水平，为企业带来显著的经济效益、社会效益和环境效益，分别获得“四川省科学技术进步奖”二等奖和三等奖。

● 积极组织并参加各种学术交流会议

加强会议交流，采取“请进来，走出去”的方式，积极组织参加各种学术交流活动。2014 年，接待澳大利亚、美国和法国等外国来访团 4 批次，通过交流，扩大影响，提升学术氛围。2015 年 6 月 24 日，受国土资源部委托，中国地质调查局对依托专委会建设的国土资源部钒钛磁铁矿综合利用重点实验室进行了验收，经专家组现场考察并评审，以高分顺利通过了验收，正式挂牌运行，完成了重点实验室的创建。2015 年 9 月，成功承办了“东盟国家低品位铝土矿综合利用技术培训班”，履行了国土资源部对东盟国家的承诺，巩固和发展了与东盟国家睦邻友好关系，提升了国际影响力，为推广资源综合利用领域的技术“走出去”创造了条件，提供了机遇，促进了地质矿产领域的务实合作。

多渠道参加社会科学普及活动

专委会通过多种渠道，引导专家积极参加社会科普活动。每年的“世界地球日”活动，邀请选矿学专家为中小学生讲解各种金属元素的形成、用途等科普知识；每年的“科技活动周”都举办不同的科普专题讲座，邀请老专家与年轻的科技工作人员进行讲解与交流。

努力做好期刊出版工作

《矿产综合利用》期刊在主管、主办单位和编委会委员的关心和大力支持下，积极响应落实国家新闻出版广电总局和四川省新闻出版广电局的各项工作要求，完善各项工作制度，逐步提高出版质量和办刊水平，增强其学术影响力、传播力和竞争力，积极争创优秀精品期刊。

为促进学术期刊健康发展，规范期刊出版秩序，在国家新闻出版广电总局开展的学术期刊认定及清理工作中，《矿产综合利用》以较高的学术质量、严谨的学术规范和专业的编辑水平，被认定为四川省首批国家 A 类学术期刊，成为我国矿产资源综合利用类学术成果展示的重要平台，并于 2014 年入选全国中文核心期刊。

分支机构 2011—2016 年主要工作

区域地质及成矿专业委员会

侯增谦

王　涛

区域地质及成矿专业委员会

主任委员：侯增谦　　秘书长：王　涛
地　址：北京市西城区百万庄大街26号地质研究所
邮政编码：100037

● 积极组织参加学术会议，促进多学科交流

2013 年 10 月，在青岛召开了中国东部和海域地质特征及资源、环境学术研讨会。参加会议的代表有 120 多人，征集论文摘要 60 余篇，并组织了为期 3 天的野外地质考察。会议期间，召开了区域地质及成矿专业委员会换届会议。会议决定，由中国地质科学院地质研究所所长侯增谦担任主任、王涛研究员担任第七届委员会秘书长。

作为中国地球科学联合会的组织者之一，积极参与组织 2014—2016 年中国地球科学联合会学术研讨会。每年都围绕主要的区域和成矿带，开设专题研讨。例如，组织和参与组织了特提斯洋动力学过程及资源效应、中亚造山带与成矿专题、中央造山带与成矿等学术专题研讨。

组织 20 多名专家积极参加 2015 年中国地质学会大陆地壳与地幔研究分会在广西桂林召开的华南大陆动力学学术研讨会，部分专家在会上做了学术报告。

● 积极与重大项目结合，开展学术活动

与中国地质调查局中国区域地质志项目结合，开展了研讨会。计划将于2017年下半年，举办中国区域地质与成矿背景研究进展及重大问题研讨会，将邀请国内著名区域地质专家和地质志项目专家同台交流，促进区域地质研究。另外，结合国家“973”项目，在中亚、青藏高原举行了野外考察等学术活动。

● 积极组织人才推荐和成果申报，加强人才队伍建设

积极组织有关单位和个人申报国家、部门、地质学会各类奖项，如推荐申报院士等，其中，一项成果获得“国土资源科学技术奖”一等奖。

● 多渠道参加社会科学普及活动，发挥专业优势

每年的地球日活动，邀请部分岩石学专家为中小学生讲解地球的岩石组成及其与人类生存的关系。同时，积极参加编写科普专著，岩石专业委员会秘书长吴才来研究员亲自参加编写岩石学相关问题解答，组织博士生翻译国外相关的现代火山科普专著。作为岩石专业委员会，不断地发挥专业优势和特长，经常性地为社会上非专业人群宣传、讲解相关的科普知识，为提高大众的科技水平做出应有的贡献。

分支机构 2011—2016 年主要工作

地学哲学研究分会

孟宪来

雷新华

地学哲学研究分会

主任委员：孟宪来　　秘书长：雷新华

地　址：北京市海淀区北三环中路77号北影小区23-4-202

邮政编码：100088

● 积极开展学术交流，推动地学哲学学科建设

2011 年以来，分会独立举办召开了 14 次学术会议，联合举办了 4 次学术会议，累计参会人数 1900 左右，其中包括了 6 次大型地学哲学学术年会。

● 积极开展地学哲学学科研究，促进地球科学发展

2011—2016 年，分会完成了中国地质调查局“找矿哲学思维研究”“阶梯式发展理论与地质找矿”，中国国土资源经济研究院“就矿找矿理论与实践”课题和国家社科基金——中宣部重大委托项目“找矿哲学再研究——为了找矿突破战略行动”项目的研究。2016 年，分会组织专家学者，由孟宪来理事长带队前往乌海等地进行调研，进行了阶梯式发展与矿业城市转型专题研究。2014—2016 年，分会理事多次前往焦作、郴州等地开展阶梯式发展理论的相关研究。

● 积极开展科普宣传，拓展地学哲学的影响力

分会在各大高校、科研院所、地勘单位开展“地学哲学进校园”活动。截至 2016 年底，朱训、毕孔彰、王恒礼、林芳等专家、学者在中国地质大学（北京）、北戴河实习基地、长安大学、河南理工大学等学校，向广大师生做了相关报告，累计参加报告会的师生 900 余人。成都理工大学文法学院为硕士研究生“科技哲学”专业专门设置了“地学哲学”研究方向，并开设了《地学哲学导论》课程。

坚持开展“地学文化日”宣传工作，进一步扩大地学文化的社会宣传和影响。2011 年以来，每年在“地学文化日”活动上邀请专家、学者作专题报告。积极参与中国地质学会组织的“世界地球日”宣传活动，向社会公共免费发放科普读物累计 1500 本，宣传册 8000 册，受到社会大众的好评。

● 积极开展宣传出版工作，搭建地哲分会学习交流平台

分会每年坚持收集国家重大事件的相关文章、会员文章等，整理出版《地学哲学通讯》，免费发送给学会的会员，2011—2016 年共出版了 25 期。截至 2016 年底，编辑出版了《朱训论文选 · 自然辩证法卷》《吴凤鸣文选（二）》《地质找矿的认识论、方法论》《地球科学 水与城市》《地学哲学与生态文明建设论文集》等 12 部，再版了《找矿哲学概论》，成果显著。

建立了地哲分员会微信公众号（DXZX_China）和微信群，增强和促进了理事们的交流和沟通。

● 加强组织建设，更好发挥学会功能，举荐优秀人才

2013 年 9 月，进行了地学哲学研究分会第九届理事会换届工作，选举孟宪来同志任理事长，雷新华同志任秘书长；并于 2013 年底出台了《全国地学哲学委员会财务管理规定》《全国地学哲学委员会会议制度》。截至 2016 年底，分会共有会员 152 人，常务会员 53 人。

荣获中国地质学会 2012 年、2013 年、2015 年度“学术活动先进集体”，2012 年、2013 年、2014 年度“科普活动先进集体”，2014 年中国地质学会“第一届野外青年地质贡献奖——金罗盘奖”优秀组织奖，2015 年度“社会服务先进集体”。

王恒礼同志荣获中国地质学会“第 38 届理事会先进工作者”，徐方同志荣获“第一届野外青年地质贡献奖——金罗盘奖”。

玖

第九部分

省级地质学会 2011—2016 年主要工作

省级地质学会 2011—2016 年主要工作

天津市地质学会

刘立森

李学美

天津市地质学会

理事长：刘立森　　秘书长：李学美

地　址：天津市南开区长实道8号

邮政编码：300191

● 组织建设、党建及会员管理

通过召开分支机构负责人、联络员联席会议，建立联络员 QQ 群、网站，会员日慰问等措施，加强沟通联络。成立党支部，设立支委会，加强党建。开展会员信息更新与数据库建设。

● 开展地学科普活动

每年“世界地球日”期间，开展专题展览、科普宣传、学术讲座、现场咨询等活动。天津电视台滨海频道对第 42 个“世界地球日”活动进行了现场采访，并在“滨海1时间”栏目播出。第 45、46、47 个“世界地球日”，分别组织“团泊行”“海河行”和“校园行”骑行宣传活动，在骑行沿线开展捡垃圾活动。第 47 个“世界地球日”，开展“地质人眼中的地球”主题摄影展评，弘扬地勘行业文化传统，体现了保护地球理念。

2011 年、2015 年，分别组织地学夏令营天津营活动；2012 年、2014 年、2016 年，分别组织参加总会夏令营活动。

● 组织召开学术交流

协助中国地质学会组织召开第十三届中国科协年会分会场“地热能开发利用与低碳经济研讨会”。会后考察了东丽湖深层地热资源梯级利用及东丽高新区浅层地热资源利用示范工程。召开“地球物理勘探新技术研讨会”。进行专家讲座、征集论文、评选论文优胜者并做了交流，会后对泰山地区地层、构造、成岩类型进行了考察。举办“第三届青年石油勘探开发技术交流会”。特邀专家做专题讲座，进行青年论文交流并评选优秀论文，编辑出版论文集两册。召开“泥质海岸带近现代地质环境与海平面变化研讨会”。邀请哥本哈根大学、杜兰大学、奥尔登堡大学四位博士做学术报告，并考察了上古林贝壳堤、青坨子贝壳堤。2014—2016 年，京、津、冀地质学会分别在石家庄、天津、北

京联合举办了京津冀地质生态环境协同发展论坛。《中国国土资源报》、搜狐新闻等多家媒体报道或转载。

● 注重人才培养和人才举荐

2011—2016 年，每年组织青年科技论坛活动，为广大青年搭建学术交流平台。从第五届至第十届，经论文征集、专家优选、代表性优秀论文会议交流等程序，评选出优秀论文并进行表彰，编辑出版论文集。其中，第六届、第十届青年科技论坛，分别为第八届、第十届天津青年科技论坛分会场，得到市科协资助。

推荐 1 人获得第六届“黄汲清青年地质科学技术奖——野外地质工作者奖”（2012 年，周立宏）；3 人次获得“天津市优秀科技工作者”（2012 年第五届，蒲秀刚；2014 年第六届，李洪香；2016 年第七届，韩国猛）；1 人次获得“天津青年科技奖”（2015 年第十三届，滑双君）；4 人次获得“中国地质学会野外青年地质贡献奖——金罗盘奖”（2014 年第一届，徐永明、韩国猛；2016 年第二届，陈丰、张学斌）。

● 决策咨询、科技工作者建议

2012 年、2013 年分别承担市科协科技团体决策咨询资助项目“天津市浅层地热资源开发利用可持续发展战略研究”“天津市地面沉降防治与城市规划建设可持续发展战略研究”，经市科协鉴定为 A 级。

● 荣获多项荣誉

荣获中国地质学会 2011—2016 年度“学术活动先进集体”。荣获天津市科协 2010—2011 年度、2011—2012 年度、2012—2013 年度“先进学会”。荣获 2014 年度、2015 年度天津市科协“学会之星”。

省级地质学会 2011—2016 年主要工作

河北省地质学会

张维亮

刘胜民

河北省地质学会

理事长：张维亮　　秘书长：刘胜民

地　址：河北省石家庄市中华南大街24号

邮政编码：050081

● 突出重点，加强国内外学术交流，扩大学会影响力

与石家庄经济学院共同举办的第十八届凯洛林国际地质会议于 2013 年 09 月 20—23 日在石家庄召开。大会到会代表 454 人，提交论文 165 篇。本次会议推动了地质人才培养方法的探索与创新；架起了三国之间沟通与信任的桥梁，增强了三国人民之间的友谊；开创了地学教育与研究新的发展局面。

主动服务京津冀协同发展战略。针对京津冀地质生态环境突出问题，河北省地质学会与北京市地质学会、天津市地质学会、石家庄经济学院共同发起，于 2014 年 11 月 29—30 日在石家庄经济学院召开京津冀地质生态环境协同发展高层论坛。该项目被省科协列为学会能力提升项目“燕赵高层科技论坛”之一。本次高层论坛汇集了这一领域的顶级专家和学者，特邀大会报告院士、专家 22 人，征集到论文 50 余篇，与会代表 200 余人，《中国国土资源报》等多家媒体到会予以关注。各位专家和学者针对京津冀地质生态环境协调发展，为国家京津冀协同发展战略出谋划策，为京津冀地质生态环境协同发展提供了有力的智力支持，必将对地学发展和京津冀的协同发展产生深远的影响。该会议由三家学会轮流主办，分别于 2015 年、2016 年在天津、北京召开。

● 坚持开展科普品牌活动，提高公民科学素质

与省国土资源厅、高校等有关单位联合，围绕“4.22”主题开展一系列丰富多彩的宣传活动，形成“全省上下联动，宣传地球科普知识”，进一步增强群众保护生态环境、保护地球、节约集约利用资源、转变发展方式的责任意识，为实现中国梦做出积极的贡献。

选派优秀学生参加中国地质学会全国青少年地学夏令营活动，通过参观纪念馆、考察地质公园、听取科普讲座、撰写小论文等系列活动，开阔了学生视野，弘扬地质精神，使学生充分认识到地质学在资源开发、环境保护等方面的作用，对提升学生综合素质和实践能力具有重要的意义。

● 做好人才举荐工作，促进地质队伍建设

推荐“河北省国土资源成果奖”155 项，获奖 86 项；“野外青年地质贡献奖——金罗盘奖”5 名；“十大地质科技进展”4 项；“十大地质找矿成果”1 项；“国土资源科学技术奖”二等奖 1 项；“河北省优秀科技工作者”1 名；“第七届河北省青年科技提名奖”2 名。

● 发挥学会人才优势，做好课题研究，为政府决策服务

2011 年至今，积极承担了河北省地勘项目监理工作，共实施监理项目 396 个；组织专家完成了项目野外现场监理 1195 次、野外验收 390 个、月报 66 份、季报 24 份。

组织专家完成了年度“河北省矿山企业矿产资源开发利用统计年报、季报”项目工作，举办培训班 6 次；并编制了《河北省 2012—2015 年度矿产资源开发利用形式分析报告》，为各有关部门定期了解我省矿情提供信息服务。

认真完成了“环首都经济圈矿山环境地质调查与生态文明建设”项目，通过矿山环境调查评价和恢复治理方式优选，为环首都经济圈矿山生态环境建设工作提供技术支撑。

2011—2012 年，与地矿局科技信息中心共同完成了“河北省国土资源科技信息与科普建设项目”；编辑出版《河北国土资源与海洋科技信息》（季刊）10 期。

省级地质学会 2011—2016 年主要工作

宁夏回族自治区地质学会

徐占海

翁　平

宁夏回族自治区地质学会

理事长：徐占海　　秘书长：翁　平

地　址：宁夏回族自治区银川市西夏区北京西路215号（宁夏回族自治区地质局）

邮政编码：750021

● 完善民主议事制度，强化组织机构建设，保障学会健康发展

6 年来，学会不断强化常务理事会、秘书长会等会议制度，有效开展理事单位组织管理的工作，严格管理，规范行为，初步形成了左右协调、上下联动的工作新机制，保障和带动了学会工作的全面开展。

一是充分发挥理事单位的积极性，坚持民主办会和民主议事制度；二是强化学会组织建设，大力发展会员，不断壮大学会力量；三是不断完善制度建设，进一步规范服务管理工作；四是积极开展“联创齐争”活动，党建工作再上新台阶。

● 加强学术交流，全面推动地质科技创新与学科发展

宁夏地质学会主办、参办、组织会员参加的大中型学术交流活动达 25 次，交流的各学科论文近 180 篇，参加人次近 1640 人，有力推动了地质科技的创新与发展。

先后组织了宁夏海内外高层次地质科技人才研讨会、全区地学专家和地质工作者学术交流研讨会、依托“丝绸之路”沿线资源优势研讨会、遥感技术与应用前沿研讨会等一系列学术研讨会；采取“请进来”的方式，大力推广新理论、新方法、新技术、新装备，支撑地质找矿突破；积极开展兄弟学会学术交流，推动学会与学会科技交流的融合；采取“走出去”的方式，积极开展区内外学术交流，全面推动区内外科技交流的融合。

● 地质科普工作有声有色，提高公众对地质科学知识的了解

以“世界地球日”“青少年地学夏令营”“全区地质勘查钻探职业技能竞赛”等活动为抓手，充分动员和组织广大会员和科技工作者开展各类科普活动，宣传普及地学科技知识，取得了较好的社会效益。

宁夏地质学会每年都按照中国地质学会的要求，举办丰富多彩的纪念活动。青少年夏令营活动寓教于乐，科普教育效果显著。先后 4 次组织参加了中国地质学会举办的“全国青少年地学夏令营”活动，均荣获“优秀组织奖”荣誉称号。2016 年，承办了中国地质学会 2016 年全国青少年地学夏令营宁夏总营活动。2011 年 10 月，成功举行首届全区地质勘查钻探职业技能竞赛。

● 积极开展人才举荐和成果奖励工作，为地质事业优秀人才队伍建设提供支撑

组织好、推荐好、宣传好“地质科技奖、优秀科技工作者的评选和推荐工作。2011 年，学会联合自治区国土资源厅首次开展科技成果表彰奖励：“宁南弧形构造带演化与找矿前景研究”获得一等奖；“宁夏灵武市甜水河勘查区煤炭资源普查报告”等获得二等奖；“宁南地质灾害形成机理研究”等获得三等奖。2011 年，按照自治区科协要求，开展了第十一届宁夏地质科学优秀学术论文评选活动，学会成员共有 3 篇论文获得优秀论文奖励。

● 完善财务管理，保持学会工作平稳发展

依据自治区财政厅、自治区民政厅和中国地质学会等相关规定，结合宁夏地质学会《章程》，认真做好财务管理工作。同时，接受上级主管部门对财务的监督、检查，从经费上保证了学会工作的正常开展。

● 学会自身建设和其他工作有序推进，取得了明显成效

先后被中国地质学会评为“中国地质学会科普优秀集体”“中国地质学会科普工作先进集体”“中国地质学会社会服务工作先进集体”“中国青年地质学术活动优秀组织奖”；2012 年、2014 年荣获“全国青少年地学夏令营总营活动优秀组织奖”等称号。

省级地质学会 2011—2016 年主要工作

湖南省地质学会

方先知

赵亚辉

湖南省地质学会

理事长：方先知　秘书长：赵亚辉

地　址：湖南省长沙市芙蓉南路暮云镇地理信息产业园9楼

邮政编码：410007

● 创新学术活动，促进全省地质科技进步

6 年来，共召开学术年会、研讨会、现场考察及座谈会、报告会等活动 120 余次，下属 15 个专业委员会每年积极开展学术活动，构建了“以学术年会为主导，以专业委员会、工作委员会学术活动为主体”的学术活动体系；积极展示会员科研成果，共组织 6 次论文征集活动，交流论文 540 余篇，评选优秀论文 120 篇，编辑《湖南地学新进展》《湖南物化探新进展》等论文集 8 部；举办以“湖南省地址找矿改革发展大讨论”为主题的讨论会 3 场，有力推动了全省地质找矿行动深入开展。

● 创新科普活动，打造地质科普主力军

围绕“爱护地球、珍惜资源、保护环境”等主题，利用专业优势，结合自身特点，采取报告会和讲座宣讲、展板宣传、标本展览、散发资料、野外考察等多种形式，开展地质科普宣传活动 70 余次，散发宣传资料 3.6 万份（册）；每年以“世界地球日”“全国科技周”及地学夏令营等为节点开展科普工作，与湖南师大、湖南工程职院、湖南省地质中学等 8 个院校建立了科普宣传合作关系；先后 11 次组织 674 名师生在长沙、浏阳、平江、衡阳等地开展野外地质科普考察，评选“优秀小论文”110 篇；下属科普工作委员会依托湖南省地质博物馆作为科普基地每年定期开展小话剧、地学知识研学游等相关科普活动。

● 发挥人才优势，提升技术服务能力

完成或协助参与技术支撑服务 69 次，承担中国科协、省科协、省国土资源厅等科研项目 6 个；完成“湖南省境外找矿相关政策研究”“湘东北地区钨铜多金属矿床成矿规律与找矿方向研究”“湖南省油气资源前景分析与项目

初步可行性研究”和“湖南省花岗岩的成因类型及成矿专属性研究”等课题研究；开展《湖南省页岩气钻井技术规程》《湖南省页岩气固井技术规程》的制定；主办和联合举办专业技术培训和业务培训 56 批次，全省地勘行业 8000 余人次参加培训；举办会员单位联络员培训 6 期，307 人次参加培训；受省国土资源厅委托开展全省第三轮市、县级矿产资源规划及全省破坏矿山价值鉴定报告组织审查等技术工作，承接政府职能转移能力得到进一步提升。

● 充分发扬民主，持续加强组织建设

2011—2016 年，按照《章程》规定先后召开有关会议 38 次，其中，理事会议 6 次、常务理事会议 12 次、委员会工作研讨会 6 次、联络工作研讨会 6 次、秘书长工作会议 6 次。努力建设会员之家，发展团体会员 3 个，个人会员 730 人。2015 年 7 月，学会召开会员代表大会，选举产生了第十一届理事会。为会员发放论文集 6000 册、光盘 400 余张，发放会讯 18 期 3.8 万份。向中国科协、中国地质学会、湖南省科协和省科技厅等单位推先荐优，其中，获“青年地质科技奖——银锤奖”1 人、“野外青年地质贡献奖——金罗盘奖”4 人、“全国科协系统先进工作者”1 人、“省科普工作先进个人”1 人，23 篇论文获“湖南省自然科学优秀论文”一、二、三等奖。

6 年来，学会已经成长为拥有 92 个团体会员、6702 名个人会员、20 个委员会的大会，形成了具有自身特色的学术、科普和咨询等服务体系和组织建设体系；被省民政厅评为“AAAA”级社会组织，连续 6 年被评为“湖南省科协省级学会工作先进集体”，1 次被评为全省“十佳先进学会”“全省科协系统先进集体”，多次被评为中国科协“学会之星”；连续 4 次荣获中国地质学会“年度工作优秀奖”，19 次被评为学术、科普、社会化服务、信息化工作等单项先进集体，并被授予“第 38 届理事会先进集体”荣誉称号。

省级地质学会 2011—2016 年主要工作

四川省地质学会

宋光齐

秦　钢

四川省地质学会

理事长：宋光齐　秘书长：秦　钢

地　址：四川省成都市人民北路一段25号四川省国土资源厅人北综合楼

邮政编码：350003

四川省地质学会是四川省民政厅授予的“AAAAA”级社会组织，是四川省科学技术协会授予的“四川省十佳学会”，是中国地质学会授予的“全国先进集体学会”。

● 强化自身能力建设，促进学会工作顺利开展

建有学会官方网站（四川矿业网），截至 2016 年，四川矿业网共发布信息 9034 条（篇），点击率 858 万余次。建有“四川省地质学会会员数据库”“四川省地质学会专家人才库”，会员 3715 人，专家 758 人，院士 2 人，其中，高级职称 419 人，教授级高工 80 人，教授级博导 30 人。每年省学会都会召开 3~5 次秘书长工作会，1 次基层工作会，2 次《四川省矿产资源年报》研讨会。

● 大力开展学术交流，推动地学科技进步

2011—2016 年，省学会和专业（工作）委员会及基层学会共举办学术会议 72 次，交流论文 3341 篇，培训讲座 269 次。2011 年以来，省学会的水文地质工程地质专委会每年举办四川省水、工、环地质学术交流会，至今已连续举办 5 届，共征集论文 220 多篇，出版论文集 5 部；自 2012 年受武警黄金第三总队委托，编辑出版了《四川省地质学报》（增刊），至今已连续出版 4 年；为庆祝四川省冶金地质勘查局建局 50 周年，编撰了《四川省冶金地质勘查局成立 50 周年地质找矿论文集》；2011 年，为四川省核工业 283 大队出版了《四川省核工业地质局 283 大队首届学术交流会论文集》。

● 多渠道举荐优秀项目和人才，促进优秀地质科技人才成长

推荐 1 人荣获“青年地质科技奖——金锤奖”；7 人荣获“青年地质科技奖——银锤奖”；9 人荣获“金罗盘奖”；1 人荣获“第十二届四川省青年科技奖”称号。5 年来，共成功推荐“国土资源部科学技术奖”一等奖 2 项，二等奖 11 项。

● 期刊建设取得重要成绩，搭建学术交流平台工作取得新成果

2011—2016 年，按季刊要求共出刊《四川地质学报》24 期，增刊 11 期。每期印数 1350 册，刊登论文共 837 篇。由于投稿量的激增，刊物曾多次扩版，从 4 个印张逐步扩大到 11 印张。目前，学报每年出版 6 期，含 2 期增刊，刊载文章 200~240 篇。

● 开拓学会服务新领域，为社会经济发展服务

四川省地质学会多次组织专家对广安、达州、攀枝花等市的 30 多个煤炭矿业权设置方案评审，并向省国土资源厅提交了专家评审意见。2011 年，由省地质学会牵头举办了全国首届地勘钻探职业技能大赛四川赛区选拔工作。2012 年 4 月，全面启动四川省矿业权设置方案的评审工作，截至 2016 年 3 月底，收到矿业权设置方案初稿 182 套，自 2003 年起，开始编撰《四川省矿产资源年报》，每年一期，至今已连续出版 13 期。

● 举办丰富多彩、富有成效的科普活动，提高公众科学素养

“世界地球日”系列活动已成为省学会的一项精品项目，至今已举办 20 余年，每年都有 10 余所大专院校，约 12000 余名学生参加活动。四川电视台、《四川日报》、四川新闻网等多家媒体均对活动进行报道。 2014 年初，受四川省国土资源厅委托赴兴文、射洪、成都理工大学开展第二批国土资源科普基地实地考评。2015 年，出版《盐井传奇 恐龙故乡——自贡世界地质公园》《石海触贝 洞瀑流书——兴文世界地质公园》，均被评为“2015 年国土资源优秀科普图书”。2016 年 4 月，2016 年地学科普能力建设研讨班在香港举办，四川省地质学会（科普基地）代表参加了研讨班学习。2016 年 5—8 月，赴兴文世界地质公园科普基地、浙江省国土资源科普基地开展了“进一步加强四川省国土资源科普基地能力建设的思考”的调研工作。2016 年 10 月，赴广安华蓥市华蓥山国家地质公园，开展第三批国土资源科普基地初评和实地考评工作。推荐的四川光雾山—诺水河国家地质公园、四姑娘山国家地质公园 2 家单位成为四川省第四批国土资源科普基地。

为加强四川省国土资源科普基地的宣传，《四川地质学报》在学报封面上登载科普基地宣传图片；四川矿业网也主动配合在“地质科普”专栏为科普基地登载新闻宣传稿件和图片。

省级地质学会 2011—2016 年主要工作

云南省地质学会

李连举

张家良

云南省地质学会

理事长：李连举　　秘书长：张家良

地　址：云南省昆明市东风东路东风巷87号地质大厦附楼201室

邮政编码：650051

● 学会建设

加强学会内部建设，确保学会工作依法、依规开展。学会建立有 11 个专门委员会，团体会员共计 93 个，个人会员 1777 名。

● 学术交流

积极开展学术交流活动，促进地质科技进步和人才培养。6 年来，举办各类培训班 16 次，2530 余人参加了培训；举办各类学术报告会 8 次，1000 余人参加了会议。

● 人才举荐

大力举荐人才，做好国土资源系统评优、评先、评奖推荐工作。及时转发总会文件，按要求上报了相关推荐评奖材料。

● 咨询服务

发挥学会人才技术优势，积极做好政府委托项目和转移社会职能，服务政府和企业。

● 科普宣传

认真开展科普宣传活动，提高公众对地学科学知识的了解。6 年来，云南省地质学会在不同地点承办了 6 届省级

主会场“世界地球日科”普宣传活动，普及科学知识，并不断创新科普表达方式和工作机制。

● 期刊出版

积极做好期刊出版发行工作，为广大会员开展国内外学术交流搭建平台，为专业技术人员职务晋升提供服务。2011—2016 年，云南省地质学会面对新的形势，抓住新的机遇，团结一心，开拓进取，依法办会，科学管理，服务优质，不断加强学会各级组织及自身建设，大力推进学会事业发展，学会连续 6 年获省科协“先进学会”称号，荣获中国地质学会“工作优秀奖”“社会服务工作先进集体”“学术活动先进集体”“信息化工作先进集体”“科普先进集体”等多项荣誉；同时受到各会员单位的好评，为促进云南省地质勘查事业的全面发展做出了积极贡献。

省级地质学会 2011—2016 年主要工作

贵州省地质学会

李在文

廖莉萍

贵州省地质学会

理事长：李在文　　秘书长：廖莉萍

地　址：贵州省贵阳市北京路219号元隆广场7号楼地矿局

邮政编码：550004

● 搭建平台，积极开展学术交流活动

举办品牌学术交流会议：学会积极主动联系每届举办会议的承办单位，精心组织这一传统、品牌的学术会议。

服务地方经济、社会发展：开展了10余项活动，主要有：贵州省地下水抗旱打井学术交流会、中国·思南地质旅游开发学术研讨会、贵州省地质旅游发展座谈会、“魅力织金洞·贵州高原魂”专家论坛、GIS新技术学术报告会、贵州省矿产资源物化探勘查技术学术研讨会、地质环境保护与地质灾害学术报告会、广域电磁法与页岩气探测等。

贵州省地质学会参加中美会议在美国会场合影

积极参加国际会议交流：组团参加第二届中美地质学会联合学术会议；参加第40届国际地质科学史学术研讨会；参加第35届国际地质大会等。

2013年12月8日，贵州省地质学会青年工作委员会成立，并召开了首届找矿突破战略行动青年论坛。2015年9月30日，学会积极承担了由贵州省科协主办的贵州省科协第36期学术讲坛活动。2016年12月20日，贵州省地质学会与贵州省宝玉石协会联合举办贵州省宝玉石产业发展论坛。

● 努力办好《贵州地质》，期刊质量不断提高

2011—2015年，《贵州地质》共出版正刊20期，收录科技论文300余篇，国内外发行量3万余册；共计编辑、

出版会议论文集 6 册。5 年影响因子为 0.343，与同类省级地质类期刊相比，排在前列，在贵州省科技期刊排名中亦居前列。

● 积极开展科普活动

每年积极参加“世界地球日”的宣传，参加“贵州矿产资源科普展”活动。

● 重视爱国主义传统教育，用先辈的感人事迹教育和激发后来者

2014 年 4 月 24 日是许德佑、陈康、马以思三位地质前辈在贵州普安—晴隆遇难 70 周年的纪念日。4 月 3 日清明节到来之际，学会在贵阳蔡家关地质陵园组织了由三位地质学家（马以思）的后人、贵州理工学院师生共计 30 余人参加的纪念活动；

整理、编印《黔西审匪记》手稿资料，并编印出版。

● 重视开展优秀成果推荐工作

从 2011 年起，学会组织会员单位申报优秀地质成果，参加中国地质学会年度“十大地质科技进展”“十大地质找矿成果”的评选，并取得较为突出的成果。5 年里，共有 4 个项目获奖。

● 积极主动为会员单位、会员服务

2011—2015 年，学会协助贵阳市国土资源局、思南县国土资源局等会员单位开展贵阳市生态文明分会场及思南县国家地质公园学术研讨学术会议，并协助织金洞公园管理局完成世界地质公园的申报工作。2011—2012 年，热心帮助会员——省地矿局 106 地质队刘平老专家，整理、编辑及出版《刘平地质文选》。

省级地质学会 2011—2016 年主要工作

内蒙古自治区地质学会

张　宏

宋　华

内蒙古自治区地质学会

理事长：张　宏　　秘书长：宋　华

地　址：内蒙古自治区呼和浩特市金桥开发区世纪五路
内蒙古地质调查院南楼4楼

邮政编码：010040

● 以创建示范学会为契机，不断完善学会自身建设

2014 年 7 月，经自治区国土资源厅批准，学会挂靠单位由原来的内蒙古自治区国土资源信息院变更到内蒙古自治区地质调查院，学会的主要领导也进行了相应调整。2016 年，先后荣获了中国地质学会“社会服务先进单位”和“信息化工作先进单位”称号，内蒙古民政厅颁发的“中国社会组织评估等级 AAAAA 级社会组织”，走进了全国地学学会领域以及内蒙古自治区社团组织的前列。

● 积极推进承接政府职能转移工作，为国土资源管理工作提供有力支撑

2016 年 3 月 17 日，正式承接自治区国土资源厅有关业务支撑工作，目前已开展的有两项，分别为：矿产资源勘查实施方案评审工作。具体工作内容包括：受国土资源部委托自治区国土资源厅组织审查新立、延续、变更（扩大勘查范围、变更勘查矿种）及调整勘查实施方案的探矿权申请项目，出具审查意见书。按照自治区国土资源厅矿产开

发管理处的安排，地质学会从 2016 年 5 月 20 日起正式承接矿产资源勘查实施方案评审工作，并在国土资源部矿产开发管理司进行了变更备案手续，使地质学会矿产资源勘查实施方案评审工作更加规范合理化。绿色矿山建设评估工作。主要内容包括：在自治区国土资源厅的指导下，不断研究完善绿色矿山建设的考核评估标准及申报验收管理办法；对各盟市创建绿色矿山工作给予相应的技术业务指导；联系会同相关部门单位，建立矿政管理、矿山建设、经济技术、工程技术、安全防护、环境评估等方面的专家队伍，做好自治区级、国家级绿色矿山的推荐、评估、实地核查等技术工作。目前，内蒙古自治区经国土资源部批准的国家级绿色矿山试点单位共计 35 家，其中金属矿山 17 家、煤炭矿山 17 家、非金属矿山 1 家。

● 搭建学术交流平台，提升学会创新和服务能力，发挥地质科技引领支撑作用

利用地勘单位冬春两季野外工作休整期间，组织开展地勘技术培训工作，以“学、讲、教、看、答”5 种创新形式，对全区 60 余家地勘单位的 3000 余名年轻地质人员进行实际工作综合能力培训。2016 年底，学会从地学专家库中优选部分长期在内蒙古地区从事地勘工作、具有丰富实践经验的专家，结合当前国家和自治区地质勘查工作部署，分别从项目立项申请、野外找矿线索识别、地质现象分析、物化探测量、各种地质图件的编制，以及目前正在拓展的城市地质、旅游地质、农业地质、环境地质等相关内容共 15 个课题，对全区各地勘单位年轻技术人员开展全员培训。目前已有 19 家地勘单位共计 1000 余人参加了培训。

● 创新科普工作形式，广泛开展科普活动，扩大学会的社会影响力

每年的“4.22 世界地球日”，学会都开展为期一周的主题宣传活动，利用报刊、电视、网络等媒体方式进行系列宣传报道。利用“鄂尔多斯盆地北缘含铀岩系三维地质编图”项目成果，结合先进的 VR 技术，进行了三维视频仿真演示建设，为青少年了解地学知识提供可视性强、趣味性足的科普资料。

● 搭建服务平台，发挥桥梁与纽带作用，积极主动为广大地学科技工作者服务

向中国地质学会推荐的核工业二〇八大队总工程师彭云彪获得中国工程院院士提名；向中国地质学会推荐的“内蒙古自治区阿拉善左旗探获特大型晶质石墨矿”项目获得“十大地质找矿成果”；组织推荐的第一届、第二届“中国地质学会野外青年地质贡献奖——金罗盘奖”候选人中有 4 人获奖；申报的内蒙古科协“金秋学术月活动”“承接政府转移职能试点学会”“学会创新和服务能力提升专项示范学会”3 个项目，均获得了专项经费补贴。

省级地质学会 2011—2016 年主要工作

西藏自治区地质学会

杜光伟

曾庆高

西藏自治区地质学会

理事长：杜光伟　　秘书长：曾庆高

地　址：西藏自治区拉萨市北京中路21号西藏地勘局

邮政编码：850000

● 科普工作

每年的“世界地球日”，在多种场合以多种形式向社会各界宣传“节约利用资源”“改变发展形势”等主题的科普知识，为创造节约型社会、倡导绿色生活方式提供知识服务。学会开展“亲近大自然”为主题的地学科普夏令营活动，组织了 30 多名拉萨市中小学生参与活动，帮他们树立了崇尚科学、热爱大自然的世界观，培养了小朋友们对地学知识的兴趣，也让他们了解了如何用科学的方法处理保护环境与经济发展之间的矛盾。

● 培训工作

承办了中国科协和自治区科协联合举办的 2014 年度国际科技组织任职科学家赴藏公开学术讲座“国际地热能发展对西藏地热开发利用的启示”，由中国科学院地质与地球物理研究所庞忠和研究员演讲，自治区地勘局副局长江云华研究员主持。学会邀请自治区发改委、科技厅、国土资源厅等单位 60 余人听取讲座。

在拉萨市组织了 200 余人参加的地质勘查技术人员培训班。组织 6 位专家精心准备授课材料，针对从事地勘工作十几年以上的项目负责人和 80 后、90 后毕业的各类地质专业人才进行地质勘查相关政策法规、技术规范规程、地勘项目实施管理、专业知识更新、职业道德教育等内容的培训。

为进一步开发利用好西藏丰富的矿产资源，切实提高西藏地质系统专业技术人员的理论水平、业务技能和综合能力，经人力资源和社会保障部批准，由西藏自治区人力资源和社会保障厅主办、西藏地质学会、西藏地勘局具体承办的“野外地质填图技术、化探技术”高级研修班在西藏拉萨成功举办。来自山东、陕西、四川、青海、西藏等相关省（区、市）地勘（矿）局专业技术人员及部分管理人员共计 81 人参加了此次研修班。

● 科研工作

在昌都市举办了“藏东三江成矿带现场学术研讨会”，会议邀请了中国工程院院士多吉、中国地质科学院矿产资源研究所唐菊兴研究员、中国地质调查局成都地质调查中心、东特提斯大型矿产资源基地调查工程首席科学家王立全研究员、区国土资源厅总工程师刘鸿飞、成都理工大学钟康惠教授等国内知名地学专家现场指导。

● 换届工作

根据学会《章程》及相关法律法规，2010—2016 年学会完成了两届理事长及相关工作人员的工作变更，为学会有序开展工作及履行各项职责提供了组织保障。

省级地质学会 2011—2016 年主要工作

福建省地质学会

何南飞

丘文芬

福建省地质学会

理事长：何南飞　　秘书长：丘文芬

地　址：福建省福州市鼓楼区东街8号利达大厦B座14B

邮政编码：350001

● 学术交流

2011 年，与“台湾中央大学”等举办第二届海峡两岸地质灾害防治学术交流研讨会。2011 年 10 月，与我国台湾地区水土保持技术协会等进行座谈，互相介绍水土保持工作经验。2013 年 5 月，组织 12 名专家、学者赴台湾地区开展地质灾害防治学术交流活动。2014 年，两次组织专家、学者赴台湾地区开展学术交流活动。

2012 年 6 月，在厦门举办第三届海峡地质灾害防治学术研讨会。2014 年 11 月，在福建上杭共同举办第九届矿床模型与找矿勘查国际研讨会。2015 年，与福建省地质矿产勘查开发局共同聘请裴荣富院士、“台湾大学”陈正宏教授来福州做学术报告。

每年都与华东六省一市的省级地质学会共同举办地学科技论坛，推荐优秀论文及其作者参加会议，交流技术。2013 年 10 月，在福州主办第十一届华东六省一市地学科技论坛学术会议。

2011—2016 年，每年都举办福建省科协地学学术年会，并集结 40~70 篇论文出版论文集。会议聘请省内知名的地学专家做主题学术报告，请基层技术人员宣讲论文，每年的会议规模都达百人。

● 科普活动

每年的“世界地球日”，均与会员单位联合举办宣传活动，进校园、进社区开展主题报告，进行科普宣传。

2015 年，编制印制了《地质调查为经济建设服务》《福建地质概况》《地质灾害防灾避险》《矿山地质环境保

护和恢复治理》《矿山地质环境保护和恢复治理》等科普宣传材料。

2011—2012 年“全国科普日”、2013—2016 年“科技活动周”都举办科普宣传活动。

● 评先评优

每两年进行一次“福建省地质科学技术奖”评选。2011—2012，2015—2016 年每年均举行优秀论文评选。积极推荐优秀人才和科技成果，曾分别获得中国地质学会的“十大地质科技进展”“黄汲清青年地质科学技术奖”“青年地质科技奖”“野外青年地质贡献奖”。组织推荐的多篇论文分别获得“福建省自然科学技术论文奖”一、二、三等奖，1 人获“福建省优秀科技工作者”。推荐 2 名专家为福建省科协招投标及项目评审专家，4 名专家被聘为福建省科协首批闽江科学传播学者。2011 年，被评为中国地质学会 2006—2010 年“先进集体”；多次荣获中国地质学会优秀工作奖及单项奖。2013 年 12 月，获得省科协省级“学会之星”称号；被评选为 “优秀科技社团”（三等奖）。2012—2016 年，《福建地质》分别被省科协评为“优秀期刊”二、三等奖。

● 咨询服务

建言献策。2011—2016 年，每年均承担完成省科协组织的学科发展报告，向省政府提出相关学科发展建议，涉及我省水文地质、旅游地质、城市地下空间、煤田地质、稀土开发、生态地球化学等多个领域，为福建省的经济建设建言献策。参加省科协系统深化改革实施方案的讨论和修改；提交对《中共福建省委关于深化人才发展机制改革的实施意见》征求意见。

拓展服务领域。2011 年，承担开展全省地质勘查质量检查的政府职能工作。2012 年，承担省国土资源厅“福建省主要矿种找矿前景评估及实现找矿新突破的探讨”课题调研。2012 年，完成省科技厅、省第二届科学技术志编纂委员会第六篇基础科学研究“地质学部分”的编写和统编工作。参加省科协与甘肃省科协等学会负责人来闽调研交流会。

● 会员服务

建立会员管理数据库，积极吸纳新会员；成立“福建省地质学会学术评审专家组”和“福建省地质学会奖励评审委员会”；修订《福建省地质科学技术奖奖励办法》。

省级地质学会2011—2016年主要工作

江西省地质学会

胡 宪

王先广

江西省地质学会
理事长：胡宪　　秘书长：王先广
地　址：江西省南昌市站前路176号
邮政编码：330002

组织建设

2013年4月13日，在南昌召开了江西省地质学会第九次会员代表大会暨学术年会，选举产生了新一届理事会。

学术活动

2011—2016年，举办大型学术研讨会9次，邀请国内外院士、专家做专题学术报告4次，主办华东六省一市地学科技论坛1次，联合承办华东六省一市地学科技论坛4次，举办学术培训班2次，组团参加省外学术研讨会及地学考察共17次；编印地学考察报告3册，征集学术论文420余篇，出版《江西地学新进展2011》等论文集6册，编印学术论文汇编6册，学会会刊12期。

召开《新一代江西省区域地质志》研编初步成果交流会；邀请美国地质调查局理查德．杰弗里．戈德法布博士在南昌做有关造山型金矿床：地质学，勘查准则及全球模式的学术报告；召开学术年会——江西省地质找矿突破成果交流会；召开江西省地质学会2013年地质找矿学术年会；召开第三届江西省科协学术年会第16分会场——2014年江西省地质学会学术年会暨学会成立50周年纪念大会。

2015年6月8日，举办地球化学勘查专题学术报告会，2015年11月14日，主办第十三届华东六省一市地学论坛。2016年4月23日，举办科技期刊和科技论文写作专题学术报告会。

● 调研工作

2011 年，组团赴宁夏开展了学会工作经验交流及调研考察。2012 年，组团赴重庆开展考察调研，编写了《赴重庆市学习考察页岩气勘查调研报告》。2013 年，组团赴青海考察调研，编写了《赴青海省学习考察地质找矿新机制调研报告》。2014 年，组团赴江西相山铀矿田、内蒙古自治区大营铀矿、秦山核电站考察调研，编写了《加快我省铀资源勘查与开发的建议》。2015 年，组团赴青海、西藏考察地热开发应用，编写了《加快我省地热资源勘查与开发的建议》。2016 年，组团赴贵州、河南调研地质公园建设，编写了《加强旅游地质开发与助力我省旅游发展的对策建议》。

● 科普活动

2015 年 4 月 25 日，由江西省地质学会、江西省地质博物馆、南昌广播电视台小记者团联合主办的纪念第 46 个“世界地球日”主题宣传活动在南昌举行。2016 年 4 月 18 日，江西省地质学会主办的“4 · 22 世界地球日”少先队主题队日系列宣传活动隆重举行，举办“鄱阳湖生态经济区建设”专题展；开展科普教育基地免费开放日活动；举办江西省青少年地学夏令营活动 4 次；组团参加全国地学夏令营活动两次。

● 获得荣誉

荣获“中国地质学会第 38 届理事长先进集体”；荣获“2011 年度江西省科协先进省级学会”；荣获中国地质学会“2011 年度省级学会信息化工作先进集体”“2011 年度学术活动先进集体”；荣获“2012 年度科普活动先进集体”“2012 年度信息化工作先进集体”；荣获“2013 年度科普活动先进集体”“2013 年度学术交流先进集体”；荣获“2014 年度社会化服务先进集体”“2014 年度学术活动先进集体”。2015 年和 2016 年，分别荣获中国地质学会“信息化工作先进集体”“学术活动先进集体”“科普活动先进集体”。2016 年，江西省地质学会在全省省级学会建设考核中位列第 7 名，获优秀学会称号。2016 年 4 月，江西省科协在全省设立江西省科技工作者状况调查站点。其中省级学会站点 4 个，市县科协站点 6 个，企业和院校站点 5 个。

省级地质学会 2011—2016 年主要工作

甘肃省地质学会

苟少峰

黄万堂

甘肃省地质学会

理事长：苟少峰　　秘书长：黄万堂

地　址：甘肃省兰州市红星巷123号

邮政编码：730000

● 学术活动

联合举办了甘肃省第四届、第五届青年地质科技论坛，编印了《甘肃省第五届青年地质科技论坛论文集》。

几年来，多次举办学术讲座、学术报告，内容有“甘肃省矿产资源勘查与开发”“打开潘多拉的盒子——面向21世纪的中国古生物学”“甘肃区域地质矿产研究的进展及展望”等，先后有1000余人次专业技术人员聆听了讲座。

与甘肃省地矿局联合举办了地质理论与方法技术培训班4期；与兰州资源环境职业技术学院联合举办地质公园从业人员地学知识培训班1期。另外，与学会水文地质勘查专业委员会、放射性地质专业委员会联合举办培训班2期，先后有1000余人次参加。

联合举办了“学会工作研讨会暨地质科技期刊编辑学术沙龙”；承办了主题为“资源、环境与发展”的第三分会。

● 科普活动

组织举办全国青少年地学夏令营甘肃营 5 次，组织参加中国地质学会全国青少年地学夏令营总营 3 次，先后有 250 余人次参加了夏令营活动。每年按照中国地质学会的文件精神，与甘肃省国土资源厅、甘肃省地质博物馆等单位共同举办“世界地球日”纪念宣传活动。联合有关单位举办甘肃地质风光摄影大赛，征集作品近百件，在甘肃地质矿产报选登 28 件，评选出一等奖 3 名、二等奖 6 名，三等奖 9 名。组织会员单位参加了“全国科普日”甘肃省活动主会场活动，展出“守护家园——甘肃省地质灾害防治与可持续发展”展板 27 块，发放宣传材料 300 套。

● 人才举荐及成果评选

组织完成第九届、第十届、第十一届甘肃省“青年地质科技奖”评选，共有 42 名青年地质科技人员获奖。积极推荐“黄汲清青年地质科学技术奖”“甘肃省青年地质科技奖”“青年地质科技奖”和“金罗盘奖”候选人，先后有 12 名会员获奖。积极推荐中国地质学会“双十”成果奖，甘肃省夏河县加甘滩金矿详查项目获“十大找矿成果奖”。先后 2 次推荐中国科学院院士候选人。

● 期刊出版

《甘肃地质》每年出版学报 4 期，刊载论文 60 余篇，为我省地质科技工作者提供了良好的学术交流平台和争鸣园地。为纪念甘肃地质博物馆建馆 70 周年编辑出版专辑 1 期，出版“庆祝甘肃省地矿局成立 60 周年”专辑 1 期。

● 其他工作

学会牵线搭桥，促成敦煌雅丹国家地质公园、和政国家地质公园、金徽矿业和兰州大学、西北师大、甘肃农业大学资源、兰州资源环境职业技术学院等院校，签订了《教学实习和科研基地协议书》。受省国土资源厅委托，组织专家完成国土资源科普基地评估初评工作。组织完成《兰渝铁路陇南车站站前边坡治理工程初步设计》评审工作。

省级地质学会 2011—2016 年主要工作

青海省地质学会

李志勇

孙泽坤

青海省地质学会

理事长：李志勇　　秘书长：孙泽坤

地　址：青海省西宁市南川西路107号青海地质调查院

邮政编码：810012

● 组织建设

完成了第八届、第九届两届理事会的换届工作。随着年轻地质科技人员的大量加入，学会会员总数已达 1153 人。2016 年，更新了会员管理系统数据；建立了 QQ 群、微信等信息沟通平台。

● 学术交流

2011 年，协助举办了学术报告会和培训讲座，长安大学专家教授及省内科技工作者 340 余人参加会议。2013 年，成功举办了 “358” 找矿突破研讨会。2015 年，举办了青海省地质学会成立 50 周年学术报告会。

● 科普活动

举办 “世界地球日” 宣传活动，根据每年主题开展地学科普宣传和咨询活动。深入学校开展 “国土资源科普知识进校园、进社区” 系列活动，尤其是 “国土资源科普知识进校园” 活动已成为青海省的科普精品，针对学校开展 “三个一” 活动，即一场专题展览、一场科普报告会、一个青少年互动活动。2012 年，从青海大学资源勘查专业 2009 级学生中选拔了 12 名优秀学生作为大学生志愿者。

省学会科普工作委员会暨省国土资源博物馆坚持开展科普宣传活动，充分发挥 “全国科普教育基地” 和 “国土资源科普基地” 的作用，进一步发挥地学科普主力军作用，受到了有关部门的充分肯定和表彰。先后被青海省科协评为 “青海省 ‘十佳’ 科普教育基地” “青海省科普工作先进集体” “中国地质学会科普工作先进单位” “中国自然科学博物馆协会先进集体” 等称号；科普工作委员会副主任王红英被中国自然科学博物馆协会授予 “优秀工作者” 称号。目前省国土资源博物馆已成为青海省 “科技活动周” “全国科普日” 活动的首选单位。

● 人才举荐及成果评选

先后有 25 名个人、35 项成果获得提名。其中，6 人获“金罗盘奖”，20 个项目获“青海省重大科技（找矿）成果奖”。特别值得一提的是，学会常务副理事长潘彤 2015 年荣获“第十四届李四光地质科学奖”光荣称号，这是青海省地学科技工作者首次获此殊荣。

省级地质学会 2011—2016 年主要工作

浙江省地质学会

王功逸

倪　瑛

浙江省地质学会

理事长：王功逸　　秘书长：倪　瑛

地　址：浙江省杭州市西溪路118号

邮政编码：310007

2011—2016 年，每年都被中国地质学会评为“年度工作优秀奖”，每年都被浙江省科协评为“年度全省学会工作先进单位”；先后获得中国地质学会年度学术活动、社会服务、科普工作、信息化工作单项奖 24 个。

● 围绕学会宗旨开展学术活动

浙江省地质学会第九次会员代表大会会场

2011—2016 年，学会分别举办了以“资源保障，环境安全——地质工作使命”“寻求地质找矿新突破”“地质找矿突破的理论与实践”等不同主题的学术年会，并编印各年度《浙江省地质学会学术年会论文集》。2011 年，组织召开西澳矿业勘查与开发情况座谈会。2012 年，组团赴澳大利亚参加了第 34 届国际地质大会；组织地质科技工作者赴台湾地区进行地质科技学术交流。2013 年，参加了第七届世界华人地质科学研讨会。2011 年，主办了华东六省一市地学科技论坛。2012—2016 年，协办华东六省一市地学论坛。2012 年，召开了浙江省地热资源勘查技术研讨会。2016 年，作为主办单位之一参加了“中国地质学会水文地质、地热专业委员会 2016 年年会暨地下水资源与地热资源可持续利用研讨会”，助推地质科技创新。

● 开展科普宣传，提升公众科学素养

开展“世界地球日”“科技活动周”活动。深入基层，发放宣传材料，讲解科普知识；开展科普进校园、“科学＋百日谭”、地质考察等活动。青少年地学夏令营年年有。一年省内自主举办，一年组团参加全国青少年地学夏令营。

浙江省地质学会夏令营营员们在新昌木化石前合影

加强科普基地建设，办好会讯会刊和《天地科普历书》。学会所属的科普教育基地——浙江东方地质博物馆每年接待 15 万人次参观学习，提升大众科普素养。

● 承接转移职能，服务社会发展

开展全省商业性地勘项目质量监督检查工作。2011—2016 年，共组织检查商业性地质勘查项目 331 个，每年向浙江省国土资源厅提交检查总报告。组织地勘专业技术人员培训。2013—2014 年，承接了省国土资源厅委托的地勘项目负责人和技术人员培训工作，共举办培训班 7 期，719 人参加培训，712 人通过考核考试。积极为社会服务。学会选派专家为政府、企业和会员单位提供地质技术支撑，积极服务经济社会发展。

● 以会员为中心做好服务

推荐的“浙江省恐龙化石地质遗迹调查与评价”项目获 2016 年度“国土资源科学技术奖”二等奖，“浙江地区地下水污染调查评价”项目荣获 2011 年度全国“十大地质科技进展”，“浙江省安吉县报福镇蒲芦坞矿区萤石矿勘查”项目荣获 2015 年度全国“十大地质找矿成果”。开展“浙江省自然科学学术奖”评审推荐表彰工作；开展了“浙江省‘十二五’十大地质成果”评选表彰活动；评出了“浙江省‘十二五’十大地质成果”及 10 项“浙江省‘十二五’地质成果提名奖”。经学会推荐，韩喜球 2011 年被选为中国科协第八次全国代表大会代表、2012 年被选为党的十八大代表、荣获“2015 年度女科技工作者社会服务奖”；有 6 名会员分别获得中国地质学会“第一届、第二届野外青年地质贡献奖——金罗盘奖”，有 3 名会员获得“浙江省优秀科技工作者”称号。浙江省地质学会获得“优秀组织奖”。

● 依法民主办会，促进自身建设

制定完善规章制度，按照要求变更学会法人代表，根据《章程》规定及时换届。学会坚持召开常务理事会、秘书长工作会议和各分会秘书工作会议。学会创新工作模式，充分发挥专业特长和学科优势，召开了 16 个专业（工作）委员会会议，出台了《浙江省地质学会关于加强专业（工作）委员会工作的意见》。注重加强与会员和会属组织的联系，走访慰问会员，根据分会活动需要，提供有关帮助和经费支持。学会坚持两年评选表彰一次学会先进集体、先进个人和单项工作先进单位，共评选表彰了 17 个先进集体、23 个单项工作先进单位和 30 位先进个人。建立了会员数据库，实行网上入会。2011—2016 年，学会共发展新会员 475 名。建立了浙江省地质学会网站；建立了“浙江省地质学会”微信公众平台并加入浙江省科协“科学 +”微信矩阵。

省级地质学会2011—2016年主要工作

山东省地质学会

于学峰

王来明

山东省地质学会

理事长：于学峰　　秘书长：王来明

地　址：山东省济南市建筑新村南路35号

邮政编码：250013

● 组织建设

2016年8月2日，山东省地质学会第七次会员代表大会在济南召开，会议选举产生了第七届理事会理事会和监事会，山东省地质科学研究院于学峰研究员当选山东省地质学会第七届理事会理事长。2016年11月8日，经山东省地质学会七届二次常务理事会议（通讯）批准，山东省地质学会成立了旅游地学与地质公园研究专业委员会，挂靠山东省地质环境监测总站。设立山东省地质学会地热与矿泉水专业委员会。专业委员会领域：开展地热、浅层地热能、干热岩、矿泉水资源勘查开发研究、学术交流、业务培训、科普宣传和咨询服务等。

● 学术交流

2014年，由山东省地质学会石油地质专业委员会主办，胜利油田地质科学研究院惠民及天然气勘探研究室承办，召开了“惠民凹陷油气成藏与富集规律研讨会”。2015年，山东省地质学会组织召开断陷盆地超剥带复杂圈闭勘探技术研讨会。2016年，邀请中国地质科学院地质研究所万渝生研究员做了题为“锆石成因研究及地质应用”和“鲁西太古宙地壳演化”的学术报告。5月14—15日，在济南联合举办了以“创新云平台、共享云应用”为主题的MapGIS地质矿产应用培训班，会议邀请了中地数码集团和浪潮集团的专家就MapGIS在地质调查、数字矿山、工程勘察、地质环境等方面的应用进行了培修和技术交流。10月8—10日，省地质学会组织省内国土资源、地矿、冶金、煤炭、化工、建材、核工业行业60余人，参加了在西安召开的2015年学术年会。10月29—30日，省地质学会和山东科技大学，在青岛西海岸新区山东科技大学举办了2015年青年地质工作者学术交流会和优秀论文评选，考察了崂山序列的花岗岩和山东科技大学地球科学馆。11月9—10日，省地质学会与山东省地质科学研究院，在济南举办了第一届泰山地学论坛。11月13—16日，省地质学会协办了华东六省一市地学科技论坛。

● 培训服务

自 2012 年开始，每年都举办了山东省地质学会青年地质项目负责人培训班，对浙江省主要地质概况、地质勘查项目设计、成果报告编写和经费预算等方面的知识进行了培训。参加了中国地质学会召开的会员管理系统培训班。

● 科普活动

2014 年 7 月 20—24 日，由中国地质学会主办的“2014 年全国青少年地学夏令营”在山东省济南市成功开营。学会聘请地质专家从矿物学、岩石学、地质遗迹和地质公园等方面进行深入浅出的科普知识讲座，辅导营员们撰写地质考察小论文，并评选出 33 篇优秀小论文。夏令营还设立了优秀组织奖、优秀个人奖、优秀营员奖和鼓励奖。

● 人才举荐及成果评选

组织开展了第一届“金罗盘奖”的评选工作，组织申报 2014 年度“山东省优秀地质科技工作者”“山东省青年地质科技奖”和“山东省十大优秀地质科技工作者”。向中国地质学会推荐第一届“野外青年地质贡献奖——金罗盘奖”候选人；推荐了山东省的“十大地质科技进展”“十大地质找矿成果”；推荐了“第十一届中国青年女科学家奖”候选人；推荐了第七届“黄汲清青年地质科学技术奖”。向山东省科学技术协会推荐了唐好生参选“山东省优秀科技工作者”并成功当选；向中国科学技术协会推荐了徐军祥参选“全国优秀科技工作者”并成功当选。积极推荐“国土资源科学技术奖”，2015 年向中国地质学会、国土资源部推荐“国土资源科学技术奖”5 项，获一等奖 1 项、二等奖 3 项。开展了山东省十大优秀地质科技成果评选，评出 2015 年“山东省十大优秀地质成果”，并从中评选出最优秀者向中国地质学会推荐 2015 年度“全国十大找矿成果和十大科技成果”。积极推荐第十五届“中国青年地质科技奖——金锤奖、银锤奖”，推荐的青年地质科技人员有 3 人获第十五届“中国青年地质科技奖”，其中，“金锤奖”2 人，“银锤奖”1 人。

省级地质学会 2011—2016 年主要工作

广东省地质学会

刘玉明

林希强

广东省地质学会

理事长：刘玉明　　秘书长：林希强

地　址：广东省广州市东风东路739号地质大厦1412室

邮政编码：510080

组织建设

召开第八届第二次至第七次常务理事会、第八届第二次至第四次理事会、第八届第三次专委会主任、副主任及秘书长会议；2012 年底，召开学会成立 60 周年纪念大会，出版发行《广东地质新论》《广东地质六十年》；2013 年底，召开换届大会，选举产生了第九届理事会; 召开第九届第一次至第三次常务理事会、第九届第二次至第三次理事会会议、第九届第二次会员代表大会、第九届第一次专业（工作）委员会工作会议。

学术交流

主办广东找矿突破学术研讨会、广东水工环地质学术研讨会、航空电磁测量技术交流会；联合主办西淋岗第四纪断裂第二次现场学术研讨会、地球系统的资源环境效应国际华人地球科学促进会学术年会、第四期“七一九论坛”（主题为“矿物与成矿”）、第七届矿床模型与找矿勘查国际研讨会、地球系统的资源环境效应国际华人地球科学促进会学术年会、两广地质调查所与陈国达学术思想研讨会等学术活动。发挥专业、工作委员会优势，先后举办矿产勘查物探新技术交流会、青年工作委员会成立大会暨首届“南粤青年地学论坛”、地球科学信息与技术专业委员会邀请的芬兰学术报告团的学术报告会、广东省基础地质成果交流暨粤西重大基础地质问题野外考察、大陆流变与大陆构造学术研讨会、青年工作委员会 2015 年年会暨地学论坛等学术活动。协办中国矿物岩石

地球化学学会第 13 届学术年会、中国地质学会地质教育研究分会年会。积极组团参加第 34 届国际地质大会、中国地质学会 2013 年及 2015 年学术年会。组织省地质科技考察组赴我国台湾地区、西北 4 省区、东北 3 省考察交流。加强粤港地质学会学术交流，共商两地地质学术与地质项目合作事宜。

● 科普工作

2011—2016 年，“世界地球日”期间，结合每年活动主题，举行大型广场科普宣传活动，使民众了解地球、了解资源、了解地质工作的重要性。先后编撰出版《中国世界文化遗产里的地学奥秘》、地学诗歌集《山语》《名山胜地桂冠里的地学奥秘》《矿物珍宝 ——岩矿美石世界的诗意记述》等科普图书 10 本。坚持联合青少年户外教育工作委员会、大自然工作坊举办全国青少年地学夏令营广东营。先后在中山大学、华南理工大学、广州大学等高校举办地学文化诗会。成功举办第一届“粤地杯”地学诗歌大赛；参与策划、拍摄的《峰斜之谜》在央视播映；发起并联合主办《广东地质文化讲坛》；联合制作地质灾害防治挂图巡回展出；积极参加广东省科协举办的系列活动；与广西、安徽省地质学会进行科普交流；与广州大学合作，开展地学科普教育活动。

● 人才举荐及成果评选

2013—2016 年，共收到 216 个申报项目，评出 116 个获奖项目。魏振伟、蔡军、郭敏、刘东宏荣获得首届“金罗盘奖”；窦磊、蔡学文、杨希冰荣获第二届“金罗盘奖”。推荐的温开胜获得第十五届“青年地质科技奖”（银锤奖），推荐的“广东省平远县八尺稀土矿详查”项目获评 2014 年度“十大地质找矿成果奖”。

● 科普及咨询服务

2011—2012 年，认真做好省国土资源厅委托的地质灾害危险性评估报告评审的具体组织工作。2011 年，组织实施第一届全国地勘钻探职业技能大赛广东选拔赛，推出了 3 个省“五一”劳动奖章获得者，9 个省级技术能手，34 个国土资源系统技术能手。主办广东省“地球科普知识进校园”系列宣传活动；编制《广州市地质灾害防治项目管理暂行办法》；2015 年，承办首届“寻访最美地质队员”宣传活动，评选出 19 名“广东省最美地质队员”；2016 年，举办初任检验检测人员上岗培训、4 期自然力导师培训。

● 荣获表彰

2011 年，获得全国“学会之星”称号；荣获“中国地质学会第 38 届理事会先进集体”；2013 年，被评为“省科协系统先进集体”；被评为“省科协 2012—2013 年度先进集体”。

省级地质学会 2011—2016 年主要工作

河南省地质学会

河南省地质学会
理事长：　　秘书长：
地　址：河南省郑州市郑东新区郑光北街9号王鼎国贸大厦3号楼811室
邮政编码：450016

● 学术交流

继承和发扬中国地质学会的光荣传统，坚守学术性社会团体的办会宗旨，精心组织学术年会和专家报告会，努力搭建河南地勘行业学术交流平台。2011—2016 年，组织召开学术年会，与会代表共计 685 人，共收到学术科技论文 633 篇，评选奖励优秀科技论文 112 篇。期间，秘书处特邀了裴荣富、王安健、李惠、卢欣祥等知名专家、教授做了精彩纷呈的专题讲座。

● 科普活动

为了更好地履行社会职责，普及地学科普知识，学会组织编纂了《颂石咏矿诗选》；同时，受河南省科协委托组织编纂了大型科普丛书《科普通鉴——透视地球》。组织河南省首届“十大优美的地质景观”和“十大具有重大科学价值的地质遗迹”评选活动。举办了“全国青少年地学夏令营河南直属营”活动，参与营员 106 人。

● 咨询服务

接受河南省国土资源厅委托进行《矿业权勘查实施方案》评审工作，共评审、论证有关材料 1900 余份。应公安部门的要求，组织盗挖古生物化石案件技术鉴定 5 次。评审专家一丝不苟的敬业精神和严谨的学风，受到了委托单位的认可和业主的好评。

● 学术成果出版

《河南地球科学通报》作为学会的主办刊物，影响力在不断地提升。2011—2016 年，共收录论文 453 篇。每年编辑出版《河南地质情报》(内资) 上、下两期。

● 人才举荐与成果评选

2011—2016 年，学会向各级评选委员会共举荐人才 234 人、各类优秀科技成果 345 项。

省级地质学会 2011—2016 年主要工作

山西省地质学会

岳盛林

聂君君

山西省地质学会

理事长：岳盛林　　秘书长：聂君君

地　址：山西省太原市并州北路27号

邮政编码：030061

● 换届工作

完成了山西省地质学会换届工作。选出 52 个理事，其中，常务理事 24 人、副理事长 8 人、理事长 1 人、秘书长 1 人，组成山西省地质学会第七届理事会，聂君君秘书长为山西省地质学会法人。

● 咨询服务

2011—2016 年，受山西省国土资源厅委托，对 43 个地质勘查项目进行了监理。其中，31 个铝土矿、9 个煤炭、2 个白云岩项目、1 个多金属项目、1 个锰矿项目，有 31 个项目已通过野外验收，12 个项目正在施工中。总的野外监理次数达 330 次。由于监理工作比较认真负责，得到社会认可，2014 年增加了两项煤炭勘查项目的监理工作，即

大同煤田山阴县玉井西井田勘探，大同煤田右玉县辛屯井田勘探。参加或组织地质勘查实施方案或开发利用方案的评审工作；参与评审各类小型矿山开发利用方案 48 余项，得到兄弟单位好评。

● 学术交流

参加中国地质学会组织的学术年会；参加“海峡两岸地质灾害防治学术研讨会”；组织或安排参加各类专业技术培训班。

● 科普活动

成立了宣传活动小组，提前召开了“世界地球日”宣传工作专题会议，对宣传形式、宣传内容及宣传重点等进行了全面部署，将各项具体宣传工作分解到每个人，有力保障了“世界地球日”宣传活动顺利开展。组织参加全国青少年地学夏令营活动，并获优秀组织奖、优秀营员奖、优秀个人奖；连晤琪的《The secrer of fossils》及张泽慧《火山的秘密》等获优秀小论文奖。派出 6 人团体到山东济南参加夏令营有关活动，获优秀组织奖、优秀个人奖（1 人）、优秀营员（5 人）奖、优秀小论文（探索地质的奥秘）奖。

● 人才举荐及成果评选

山西省地质学会获得了中国地质学会第一届“野外青年地质贡献奖——金罗盘奖”优秀组织奖，陈慧林、刘炯荣获第一届“金罗盘奖”。组织学会所属各单位参加山西省科协等单位举办的“优秀学术论文”评选工作，学会共收到学术论文 32 篇，经学术委员会专家组初评，评选出有 22 篇优秀论文上报省科协。

省级地质学会 2011—2016 年主要工作

吉林省地质学会

韩晓峰

张兴洲

吉林省地质学会

理事长：韩晓峰　秘书长：张兴洲

地　址：吉林省长春市建设街2199号鸽子楼324室（吉林大学地质调查研究院）

邮政编码：130061

● 开展学术交流，推动地学科技进步

6 年来，学会围绕东北地区地质理论和找矿方向召开研讨会，支撑、引领东北及内蒙古地质找矿新突破；举办吉林省科协青年科学家论坛地学专场，促进不同学科、不同领域的青年地质科学家进行广泛交流；承办高水平、高层次的学术交流活动，力求解决地质学科建设和发展的重大关键问题。共开展各类学术活动 11 次，参加 1000 余人次，学术交流成效明显，为吉林省广大地质科技工作者打造了高水平的学术交流平台。

● 举办科普活动，提高社会公众地球科学文化素质和生态环保意识

学会始终高举普及科学知识、弘扬科学精神、宣传科学思想的旗帜，充分利用地学科普资源优势，宣传普及地球科学知识，号召保护生态环境。6 年来，有数万人参加了吉林省地质学会举办的“世界地球日”“科技活动周”“全国科普日”和“吉林省地质学会科普微信平台”各类科普活动，取得了显著的社会效益。学会发起的“地球卫士”活动已成为特色品牌，获得中国科协的表彰。学会成功承办“2012 年全国青少年地学夏令营”，产生了较好的社会影响，被列入中国地质学会成立 90 周年纪念出版物之一载入史册。

● 重视人才举荐，促进优秀地质科技人才茁壮成长

吉林省地质学会通过规范、公正、民主的评选程序，积极组织、严格把关、认真评审，积极推荐青年科技骨干、学科带头人和野外一线的青年地质科技人员参加“青年地质科技奖（金、银锤奖）”“黄汲清青年地质科学技术奖”和“野外青年地质贡献奖（金罗盘奖）”遴选。6 年来，共有 1 人荣获“金锤奖”，8 人荣获“银锤奖”，2 人荣获“黄汲清奖”，5 人荣获“金罗盘奖”。学会推荐的“十大地质科技进展”“十大地质找矿成果”有 3 项获奖；学会

2011 年创立的“吉林省青年地质科技奖”已评审 4 届，为促进人才队伍建设、青年人才的成长做出了贡献。

● 坚持服务宗旨，发挥平台作用，提高服务能力和水平

6 年来，吉林省地质学会致力于建设一个资源共享、经验共享、信息共享的行业交流平台；充分发挥学会的作用，促进理事单位之间的交流与合作，起到桥梁和纽带作用。学会围绕中心工作，紧扣时代脉搏，找准工作切入点，坚持为会员单位服务，倾听来自广大会员各方面的意见、建议和诉求，为地质科技工作者服务，为发展地质事业服务，为地方经济建设服务。

● 加强自身建设，努力建设地质科技工作者之家

吉林省地质学会高度重视自身建设，按照“内强素质、外塑形象”的要求，通过完善制度、强化管理、民主办会，强化为会员服务意识，增强服务能力，以服务促发展。学会落实“会员日”和“科技工作者日”，把为会员提供更多、更优质的服务作为学会的工作职责与目标，把会员的满意度作为服务质量好坏的标准，全心全意为广大会员服务，在服务中强化会员管理，切实将为会员服务工作落到实处，促进了学会健康发展。

省级地质学会 2011—2016 年主要工作

重庆市国土资源和房地产学会

李英儒

董世琳

重庆市国土资源和房地产学会

理事长：李英儒　　秘书长：董世琳

地　址：重庆市渝中区学田湾正街1号

邮政编码：400035

● 夯实组织建设，推动学会发展

经重庆市国土资源和房屋管理局同意，市民政局以市民管〔2012〕146 号文批准学会关于设立区县联络处的申请，在江北区、涪陵区国土资源局和荣昌县国土资源和房屋管理局的支持下设立了学会联络处。

2016 年，进一步扩大学会团体会员队伍，新增团体会员单位 17 个。完成中国土地学会重庆地区个人会员网上登记工作，共登记个人会员 185 名。

● 提升学术能力，增强交流服务

2013 年 8 月，以“土地制度改革与城镇化健康发展”为主题的 2013 年海峡两岸土地学术交流会在重庆举行，此次会议在协办单位市土地勘测规划院的鼎力协助下圆满完成。2014 年 3 月 15 日，由市国土房产学会协办的中国地质学会分支机构及省级学会秘书长工作会在重庆召开。中国土地学会城市土地分会 2015 年度主任暨学术研讨会于 11 月 16 日在重庆召开，本次与会 8 个城市共提交了 17 篇调研成果。

● 发挥“智库”优势，为经济发展献计献策

2013 年，完成了“地票价格形成机理与价格调控措施研究”和“农村建设用地使用权交易管理办法前期研究”等课题，均已通过结题评审，得到专家肯定，为政府制定相关政策提供了咨询。2014 年，承接了“重庆市征地拆迁领域惩治和预防腐败体系建设研究”“重庆市出让土地成本片区核算机制研究”“农村土地经营权流转市场化的障碍及解决途径研究”等 6 个课题。

● 深入扎实开展科普宣传活动，传播科学知识

2012 年，为纪念第 43 个“世界地球日”，联合市地理学会在西南大学举办“珍惜土地资源，转变发展方式——4.22 地球日”辩论赛。2014 年“全国土地日”，市学会与市科协、市地理学会于 6 月 25 日主办了全市性科技沙龙，20 位专家学者围绕“节约集约利用土地，转变土地利用方式”主题，结合“建立城乡统一的建设用地市场与五大功能区建设”具体内容，就重庆如何建立城乡统一的建设用地市场，促进五大功能区均衡发展提出了很好的对策和建议，为市政府决策提供参考。结合第 29 个“世界住房日”大型科普宣传活动，2014 年 10 月 10—13 日，联合举办“既有工业建筑绿色改造”大赛。

● 做好承接政府转移职能工作，拓展服务能力

2013 年，按时完成《重庆市国土资源和房地产年鉴（2013）》编撰出版工作；努力做好规划机构资质推荐和年审工作；加强对规划资质机构工作的跟踪管理和服务工作，以推动这项工作更加规范有序。2013 年，全市共推荐乙级资质 8 家，丙级资质 20 家；对 42 家土地规划机构进行资质年审。2015 年，按时完成《重庆市国土资源和房地产年鉴》编撰出版工作。承担《重庆市志 · 国土资源和房屋管理志》编纂任务。2016 年，市学会会同规划专委会及市局相关部门负责人召开规划机构资质评审会，并核发土地规划执业资质证书。截至目前，全市共有 115 家单位取得土地规划执业资质，其中：甲级 6 家，乙级 31 家，丙级 78 家。

省级地质学会 2011—2016 年主要工作

安徽省地质学会

李从文

柏　林

安徽省地质学会

理事长：李从文　　秘书长：柏　林

地　址：安徽省合肥市屯溪路296号

邮政编码：230001

● 学术活动

6 年来，共举办各种学术活动 29 次。2011 年，召开探矿安全与岩土钻掘工程技术经验交流会、安徽沿江地区深部地质找矿科技沙龙；2012 年，召开安徽省大陆成矿作用学术研讨会、水工环地质科技沙龙；2013 年，召开第八届矿床模型与找矿勘查国际研讨会、安徽省及邻区构造与成矿学术研讨会、安徽省地热资源开发利用研讨会；2014 年，召开青年地质学术研讨会、皖北地区野外构造现场研讨会、探矿工程学术交流会议；2015 年，召开深部矿调与找矿新技术研讨会、皖南地区构造与成矿学术研讨会、陆内造山带形成演化与动力学机制学术研讨会；2016 年，召开皖东地区构造与成矿学术研讨会、考察现场矿床学术研讨会等。2011—2015 年，多次协办华东六省一市地学科技论坛。2016 年 11 月，主办第十四届华东六省一市地学科技论坛。

● 科普活动

连续 6 年开展“世界地球日”主题科普宣传活动，每年在《安徽日报》专版宣传“世界地球日”科普活动。2016 年，承办了安徽省首届“世界地球日”摄影大赛和摄影作品展览。2014 年、2015 年分别举办了全国青少年地学夏令营安徽营活动。6 年来，共举办“全国科普日”“科技活动周”科普报告和讲座 12 场；参加中国（芜湖）科普产品博览交易会 3 次；参与中央电视台《地理中国》科普节目录制 2 次。

咨询服务

2011—2016 年，承担了“安徽省国土资源科技奖（地矿领域）”评审工作；参加编制了《安徽省“十三五”国土资源科技规划和科普规划》；受安徽省国土资源厅委托，召开了 6 次国土资源管理培训会议；参与《安徽地矿志》《安徽国土资源管理志》编纂工作；承担了《国土资源部重大科技成果・安徽省分集》编制工作；编辑出版了《安徽地质公园》科普图书；协助安徽省地质矿产勘查开发局起草了《安徽省地热资源开发利用建议》，并上报省政府。

期刊出版

6 年来，《安徽地质》来稿达 3380 多篇，共刊登 480 篇论文。2015 年，被认定为 A 类学术期刊。

人才举荐及成果评选

组织推荐 3 届“金锤奖”候选人工作，1 人获奖；组织推荐 2 届“金罗盘奖”候选人工作，5 人获奖。连续 6 年荣获“中国地质学会学会年度工作优秀奖”和学术交流、科普活动、社会服务工作和信息化单项先进单位表彰。2012 年，被评为最高等级“AAAAA”级社会组织。2013 年，荣获“全省科协系统先进集体”。2014 年、2015 年，分别荣获第四届、第五届省属“百优社会组织”称号。2015 年，连续 10 年获得中国科协颁布的全国“学会之星”称号；《安徽地质公园》被评为“国土资源优秀科普图书”。2016 年，获得中国科协“学会综合能力示范引领奖励项目”；推荐的项目荣获中国地质学会 2016 年度“国土资源科学技术奖”二等奖。

组织建设

2013 年 1 月，召开第九次会员代表大会暨第九届理事会第一次理事会议，选举产生了第九届理事会。6 年来，共召开了 1 次全体理事会议，8 次常务理事会议；召开了 12 次秘书长工作会议。

省级地质学会 2011—2016 年主要工作

江苏省地质学会

陶培荣

詹庚申

江苏省地质学会

理事长：陶培荣　秘书长：詹庚申
地　址：南京市水西门大街58号
邮政编码：210009

● 学术交流与研讨活动

2011 年 11 月，成功举办江苏省地质学会成立 50 周年暨学术报告会，编辑出版了《江苏省地质学会 50 年》文集及《江苏省地质学会 50 年》画册和 2012 年地学风光台历。2014 年，主办了第十二届华东“六省一市”地学科技论坛，出版了《地质学刊》增刊。

在省科协支持下，2014 年省学会恢复了中断 10 年的海峡两岸学术交流。自 2014 年来，应台湾大学地质系、台湾应用技师公会和台湾东南科技大学邀请，省学会每年组织地质人员赴台交流，加深了与我国台湾地区地质同行的交往和友谊。

● 期刊建设

省学会参与主办的《地质学刊》办刊取得进步。近年来，通过采取与中国地质学会数学地质与地学信息专委会和海洋地质专委会合办栏目等方式，《地质学刊》在影响因子、刊库收录、对外发行等方面取得了长足发展。2015 年，《地质学刊》获批省精品期刊称号。

● 学会服务科技创新能力

2103 年，召开现场会，挂牌培育了协同创新基地和科技思想库等 19 个项目和 8 名首席专家，向省科协选择申报了首席专家、科技服务站、科技思想库、协同创新基地等项目，当年获批 2 名首席专家、1 个科技服务站、1 个学术创新基地项目。

● 科学普及

依托南京地质博物馆为主阵地，组织全省地学科普场馆创新性开展地学科普宣传活动。通过广场咨询会、免费开展宝玉石鉴定、石材有害物质检测等服务、发放各类宣传品、举办“美丽的地球风光”摄影大赛等对科普宣传进行了新尝试；联合兄弟学会和科技服务站开展科普活动，探索地学科普教育与学生教学相结合新途径；推荐学会专家参加南京新闻广播台录制的南京地质博物馆、地热资源开发等专访节目；组织学生参加野外地质考察和地学夏令营总营活动；出版发行《地学摇篮——走出 48 位院士的地质调查所》专题片；出版科普系列读物《绚丽多彩的宝石世界——天然珠宝玉石科普知识 100 问》。

● 人才举荐及成果评选

积极参加 “金罗盘奖” 评选，分别有 6 人次荣获第一届及第二届 “金罗盘奖” 。学会推荐曹剑博士获中国地质学会第十四届 “青年地质科技奖——银锤奖” ；推荐 “江苏省南京市栖霞铅锌矿区虎爪山矿段深部详查” 项目获 “十大地质科技进展” 和 “十大地质找矿成果” 。

● 咨询服务

学会先后承办了省国土资源厅 “全省地质勘查基金项目管理培训班” “江苏省地质环境管理统计年报培训班” 等培训活动。受省国土资源厅委托评选“江苏省优秀地质科技工作者”。承担并组织南京大学等专家、学者参加第二轮《江苏省志 · 科学技术志》第六节 “地质学” 词条编纂工作。

● 获得荣誉

省学会积极组织，精心部署和准备，以详实的材料提交省民政厅。经严格评估，获评江苏省“AAAAA”级社会组织。

● 媒体宣传

及时在网站上发布学会通知及活动信息，并开通了学会新浪微博、微信公众号；建立了学会秘书处QQ群和微信群，扩大媒体宣传效应。

省级地质学会 2011—2016 年主要工作

新疆维吾尔自治区地质学会

张　冀

新疆维吾尔自治区地质学会

理事长：　　　　　秘书长：张　冀

地　址：新疆乌鲁木齐市天山区金银路52号国土资源厅办证大厅5楼

邮政编码：830001

● 组织建设

2011 年 7 月 18—20 日，召开第 10 次会员代表大会，完成学会换届工作。每年定期召开常务理事会议，制定学会发展规划，对重大事件进行探讨。

● 学术交流

2011 年，协助总会举办中国地质学会 2011 年学术年会分会场；协助举办 2011 年地下水循环与环境研讨会；完成新疆“十一五”地质科技与找矿成果相关材料的收集和上报工作。2012 年，承办乌鲁木齐电磁探测技术应用研讨会；协助举办地质灾害应急管理及地质灾害危险性评估专业技术培训班。2013 年，承办第十一届中国国际地球电磁学术讨论会；主办固体矿产综合物探培训班；协办 2013 年度自治区地质勘查行业管理培训班。2014 年，协办第三届新疆地质矿产研究成果系列专题讲座；协办新疆地质科学史研讨会。2015 年，联合中国地球物理学会继续教育工作委员会主办《金属矿地球物理勘探指导手册》培训班；召开石油、天然气研讨会、非常规油气资源勘探开发研讨会。2016 年，主办 2016 年新疆煤层气学术研讨会；主办第八届天山地质矿产资源研讨会分会《地热学及其应用》技术培训班。

● 人才举荐及成果评选

推荐董连慧获“第六届全国优秀科技工作者”；推荐张冀获“全国科协系统先进工作者”；推荐韦波、支东明获第七届“黄汲清青年地质科学技术奖”；推荐 5 人荣获中国地质学会“青年地质科技奖——银锤奖”（第十三届，樊涛；第十五届，雷国明、谢相军；第十六届，程建军、刘传厚）；推荐 2 人获“新疆青年科技奖”（第五届，刘学军；第七届，吴斌）；推荐 6 人获“野外青年地质贡献奖——金罗盘奖”（第一届，邓刚、马小平、三金柱；第二届，靳军、万建领、郝延海）。

推荐 30 名专家入选《中国地学专家名录》、42 名专家入选自治区科协自然科学专家库。推荐 1 项成果获“国土资源科学技术奖”二等奖（2013 年，新疆地矿局第九地质大队）。推荐 1 项成果获“十大地质科技进展”（2016 年，新疆煤田地质局一五六大煤田地质勘探队）。推荐 2 项成果获“十大地质找矿成果”（2014 年，中国石油天然气股份有限公司塔里木油田分公司；2016 年，新疆地矿局第八地质大队）。推荐 6 篇论文获“自治区第十二届自然科学优秀学术论文奖”、14 篇论文获“第十三届自治区自然科学优秀学术论文奖”、12 篇论文“第十四届自治区自然科学优秀学术论。

● 科学普及

每年“世界地球日”“防灾减灾日”期间，开展“百会万人地学科普知识进校园、进社区、进地质大队”，受众者达 32280 余人，参加专题讲座 1000 余人，赠送各类书籍 5880 余本、羽绒服 20 件、T 恤 90 件、U 盘 200 个。积极参加全国青少年地学夏令营活动。

● 期刊出版

2011 年，《新疆地质》被收录为中文核心期刊，排名 28。每年出版 4 期，年累计发文 100 篇。

● 咨询服务

5 年共承担项目 26 项，其中，2016 年获自治区承接政府转移职能试点单位。2016 年，承担自治区国土资源厅项目 6 项，总金额 76 万。

● 获得荣誉

2014 年，获评“AAAAA”级社会组织称号。连续 5 年每年均获得自治区科协资助项目各 2 项。连续 5 年获中国地质学会“工作优秀奖”“学术活动先进单位”“社会服务工作先进单位”“科普工作先进单位”“信息化工作先进单位”和“优秀信息员”等荣誉称号。连续 5 年获自治区科协“先进自治区学会”“A 类学会”荣誉称号。张冀同志荣获“学会工作先进个人”。

9 月

26 日 《地质学报》（英文版）荣获中国科协“优秀国际科技期刊”一等奖，并获每年200 万元经费奖励。

27—28 日 中国地质学会第 39 届理事会第 3 次秘书长（扩大）会议在北京召开。第 38 届、第 39 届理事会正、副秘书长参加了会议，朱立新秘书长主持会议。会议通报了学会第二、三季度工作情况；研究讨论了学会第四季度工作；审议了分支机构换届和恢复成立女地质工作委员会的相关事宜。

28 日 完成对分支机构的评估总结工作，并对部分分支机构存在的问题下发了《整改通知书》，对下一步需工作提出了明确的要求。

28 日 完成全国性学术类社团组织评估的申报工作，编写了《社会组织评估申请报告》和相关评估材料。

10 月

15 日 第 39 届理事会第 5 次常务理事会议以通讯形式召开，审批了第九届工程地质专业委员会换届名单。

18 日 完成了《中国地质学会九十周年纪念文集》的资料收集工作，全书约 30 万字。

30 日 孟宪来、朱立新等学会领导主持召开了“中美地质学会第一届学术会议”和“第七届世界华人地质科学研讨会”筹备会议，确定了会议计划召开时间及考察路线。

11 月

20 日 中国科协在京举行“中国科协科技期刊国际影响力提升计划签约仪式”。我会专职副秘书长郝梓国代表获奖期刊发言。

23—25 日 中国地质学会参加由中国科协和安徽省政府共同主办、安徽省科协和芜湖市政府联合承办的第五届中国（芜湖）科普产品博览交易会。

12 月

14 日 中国地质学会成立 90 周年座谈会在北京召开。温家宝、李克强分别做了重要题词及批示。国土资源部党组书记、部长、中国地质学会理事长徐绍史出席座谈会并作重要讲话。中国科协党组成员、学会学术部部长沈爱民，国土资源部党组副书记、副部长徐德明，部党组成员、副部长、中国地质调查局局长汪民，部党组成员、副部长张少农，部总工程师钟自然出席座谈会。原地质矿产部、国土资源部的老领导宋瑞祥、塞风、夏国治、张宏仁、蒋承菘、董道华，部分在京的两院院士等出席座谈会。会议由中国地质学会常务副理事长孟宪来主持。

14 日 中国地质学会推荐的 3 位科技工作者杨华、侯增谦 、郭旭升在第五届“全国优秀科技工作者”颁奖大会上接受了表彰。

21 日 国土资源部部管社会组织秘书长联席会在北京召开，中国地质学会朱立新秘书长出席会议并发言。

12 月

26 日 《地质学报》（中文版）、《地质学报》（英文版）、《地质论评》获得“2012 年中国最具国际影响力的学术期刊”称号。

28—29 日 中国地质学会第 39 届理事会第 4 次秘书长（扩大）会议召开。会议审议学会 2012 年工作总结及 2013 年工作计划；审议增补学会副秘书长、理事单位、分支机构换届名单、增补委员等事宜；研讨本科工程教育地质类专业认证工作培训及工作；初评 2012 年度“十大地质科技进展”和“十大地质找矿成果”。

2013

1 月

6—13 日 中国地质学会以通讯形式召开了第 39 届理事会第 6 次常务理事会议。会议决定，增补中化石油勘探开发有限公司宗国洪担任中国地质学会第 39 届理事会副秘书长；同意同位素地质专业委员会第六届委员会组成人选，主任委员由朱祥坤担任；同意探矿工程专业委员会增补副主任委员及委员名单；同意工程地质专业委员会增补委员名单。

14 日 中国地质学会 2012 年度“十大地质科技进展”“十大地质找矿成果”评选揭晓。

24 日 民政部评估专家组对中国地质学会的基础条件、内部治理、工作绩效等方面进行了实地考察与评估。

2 月

22 日 中国地质学会第 39 届理事会第 7 次常务理事会议在北京召开。会议由孟宪来常务副理事长主持。会议传达学习了徐绍史理事长重要批示；听取并原则通过学会 2012 年工作汇报及 2013 年工作要点；听取并通过学会 2012 年财务工作汇报；审议并原则通过 2013 年学术活动计划。

25 日 中国地质学会以通讯形式召开了第 39 届理事会第 3 次全体理事会议。会议审批通过了中国地质学会 2012 年工作总结及 2013 年工作要点、2013 年学术活动计划。

27 日 中国地质学会荣获“2012 年中国科协会员日活动优秀组织单位”称号。

3 月

15 日 中国地质学会第 39 届理事会第 5 次秘书长会议在北京召开，会议由朱立新秘书长主持。会议审议学会新增理事单位、副秘书长，审议分支机构换届名单、更名及秘书长变更；评选 2012 年度省级地质学会和分支机构单项工作先进单位；审查学会 2013 年学术年会主要议题。

19—26 日 中国地质学会以通讯形式召开了中国地质学会第 39 届理事会第 8 次常务理事会议。会议决定，增补丰域科技（北京）有限公司为中国地质学会第 39 届理事会理事单位；

3 月 增补中国地质调查局连长云为中国地质学会第 39 届理事会副秘书长；原则同意地质科学普及工作委员会第七届委员组成名单，主任委员由贾跃明担任；同意地质灾害研究分会第六届委员会组成人员名单，主任委员由殷跃平担任；同意农业地学专业委员会新一届委员会组成人员名单，主任委员由黄学斌担任；同意中国地质学会地质制图专业委员会更名为中国地质学会地质制图与地理信息专业委员会，报中国科协审批。

21 日　中国工程教育认证协会筹备委员会批准成立地质类专业认证试点工作组，主任委员由王铁冠院士担任，副主任委员由朱立新、姚书振担任，委员由万力等 12 人组成；工作人员由郝梓国、夏庆霖、华丽娟组成。

21 日　申报中国科协学会改革发展基础工程资助项目——办事机构职业化建设项目。

4 月 8—9 日　中国地质学会 2013 年分支机构、省级地质学会秘书长工作会议暨科普工作会议在杭州召开。

19 日　中国地质学会在京举办纪念第 44 个“世界地球日”首届在京高校大学生主题演讲比赛。来自中国地质大学（北京）、中国矿业大学（北京）、中国石油大学（北京）的 15 名参赛选手进入决赛，近 300 名高校大学生及中学生代表参会。

22 日　中国地质学会在北京紫竹院公园举办第 44 个“世界地球日”主题科普宣传活动。

22 日　向广大会员和地质工作者发出投身抗震救灾和灾后重建工作的号召。

25 日　中国地质学会《地质学报》（中文版）、《地质学报》（英文版）、《地质论评》3 刊编委会换届领导小组第 1 次会议在京举行，标志着 3 刊换届工作正式启动。

5 月 19 日　华丽娟副处长一行 4 人到中国公路学会展开“办事机构职业化建设”调研。

25 日　地质类专业认证试点工作组成立大会召开。

6 月 14—15 日　由中国地质学会主办的第七届世界华人地质科学研讨会，在成都理工大学顺利召开。

17—19 日　由中国地质学会、美国地质学会共同举办的第一届中国地质学会与美国地质学会联合学术会议在四川成都召开。

7 月 2 日　中国地质学会第 39 届理事会第 6 次秘书长会议暨岗位设计项目方案审查会议在北京湖北大厦召开。会议由朱立新秘书长主持。会议听取学会 2013 年上半年工作汇报和下半年工作安排；审议分支机构更名、变更分支机构秘书长、挂靠单位事宜；审议学会增补理事单位、理事及理事变更事宜；审议新增分支机构事宜；审议学会 2013 年学术年会事宜；审议学会办事机构职业化建设项目《岗位设计说明书》。

7月

6日 地质类专业认证《补充标准》修订审查会在北京召开。会议研究制定了“资源勘查工程”“地质工程”及“勘查技术与工程”3个专业认证的补充标准。

10—19日 中国地质学会以通讯形式召开了中国地质学会第39届理事会第9次常务理事会议。会议决定，同意21世纪中国地质研究分秘书长由陆春榕变更为顾晓华；同意21世纪中国地质研究分会挂靠单位由中国地质科学院变更为中国地质图书馆；同意增补陕西延长石油（集团）有限责任公司为中国地质学会第39届理事会理事单位；同意增补丰域科技（北京）有限公司董事长顾岩和延长石油总地质师、副总经理王香增为中国地质学会第39届理事会理事；同意中国地质工程集团公司总工程师李朋同志接任郝静野为中国地质学会第39届理事会理事；原则同意新增页岩气地质专业委员会，但建议专委会名称需再斟酌协商后报中国科协审批。

15日 学会党支部按照中国地质科学院党委的要求，经全体党员投票选举产生了以郝梓国为书记，华丽娟、孟庆伟为支委的新一届党支部委员会。

18日 中国地质学会组织参加了中国科协主办的第四届科技场馆展品与技术设施国际展览会。

20日 推荐上报“国土资源科学技术奖”候选项目。

24日 中国科协批准学会申报的“办事机构职业化建设”项目。

29日 中国地质学会召开办事机构会议，认真学习监察部等4部委和国土资源部办公厅下发的《违规发放津贴补贴行为处分规定》和国土资源部办公厅《关于进一步做好审计决定执行工作的通知》两个文件精神。

8月

20日 中国地质学会会员数据库建设通过院所长基金项目审查答辩。

27日 参加国土资源部第三批科普教育基地命名大会。

9月

17日 教育部高等教育教学评估中心主任、中国工程教育认证协会副理事长兼秘书长吴岩一行4人到中国地质学会开展党的群众路线教育实践活动调研，并听取地质类专业认证工作汇报及意见建议，了解需要帮助解决的困难和问题。

24日 中国地质学会推荐的项目获“国土资源科学技术奖”一等奖1项、二等奖3项。

26日 中国地质学会第39届理事会第7次秘书长会议在北京召开，会议由朱立新秘书长主持。会议审议了分支机构换届名单、主任委员变更名单及2013年学术年会相关事宜。

27日 《地质学报》（中文版）荣获“2012年百种中国杰出学术期刊奖”，这是《地质学报》（中文版）第6次获此殊荣。

9 月

29 日 中国地质学会以通讯形式召开了中国地质学会第 39 届理事会第 10 次常务理事会议。会议决定，同意区域地质及成矿专业委员会第七届换届名单，主任委员由侯增谦担任；同意第六届地质制图专业委员会换届名单，主任委员由卢民杰担任；同意第八届勘探地球物理专业委员会换届名单，主任委员由韩子夜担任；同意非金属矿产地质专业委员会第六届委员会换届名单，主任委员由李建伦担任；同意遥感地质专业委员会第八届委员会换届名单，主任委员由方洪宾担任；同意地学哲学研究分会第九届换届名单，主任委员由孟宪来担任；同意地质学史专业委员会主任委员变更为邓军；同意《地质学报》（英文版）第九届编委会组成人选；同意《地质学报》（英文版）编委主编、副主编及编委报酬的发放标准；同意 11 月 8—9 日在北京召开换届会议。

10 月

18—20 日 中国地质学会 2013 年学术年会在云南昆明召开，会议主题为“推动地质科技创新，支撑找矿突破实践，服务美丽中国建设”。中国地质学会常务副理事长孟宪来，云南省国土资源厅党组成员、副厅长，云南省地质学会理事长李连举分别在开幕式上致词。中国地质学会秘书长，中国地质科学院常务副院长、党委副书记朱立新主持了大会开幕式。来自全国地勘行业的高等院校、科研院所、地勘局（院）的 1000 余名院士、专家欢聚一堂共同交流探讨近年来我国地质科学各分支学科的研究进展。

11 月

8—9 日 在北京园博园梦唐园举办“科普咨询日”活动。

9 日 中国地质学会《地质学报》（英文版）第八届编委会换届会议在北京召开。第九届编委会主编由舒德干院士担任，56 名编委中国外编委 31 人。

17—20 日 以王铁冠院士为组长的地质类专业认证试点工作组专家一行 5 人赴中国地质大学（武汉），对资源勘查工程专业开展了专业认证现场考查。

22 日 中国地质学会被评为“2013 年度全国学会科普工作优秀单位”。

12 月

5 日 中国地质学会党支部召开了党的群众路线教育实践活动专题民主生活会。会上，郝梓国、禹启仁、华丽娟、章雨旭等处级以上党员干部围绕“四风”问题，结合自身的思想实际、工作实际、生活实际，认真进行对照检查，查找存在的主要问题，剖析问题的原因，并提出了具体的整改措施。

5—16 日 中国地质学会第 39 届理事会第 11 次常务理事会议召开。会议审批了《地质学报》（中文版）、《地质论评》两刊第 39 届编委会委员候选人名单。

12 日 中国地质学会在“会员日”期间，在北京举办了“揭开宝玉石神秘面纱”专题讲座与鉴定咨询。

2014

1月

12日 中国地质学会第39届理事会第8次秘书长（扩大）会议暨办事机构职业化建设项目结题报告审查会议召开。会议听取了学会2013年工作汇报；审议新增常务理事、变更理事等事宜；审议2014年学会各类会议计划；审议“十大地质科技进展”和“十大地质找矿成果”评选办法；评选省级学会、分支机构2013年度单项工作奖和工作优秀奖；审查中国科学技术协会办事机构职业化建议项目结题报告。

19日 中国地质学会2013年度“十大地质科技进展”“十大地质找矿成果”评选揭晓。

2月

11日 中国地质学会召开第39届理事会第12次常务理事会。审批通过2014年工作要点，2014年度分支机构学术活动计划；审议“第十四届青年地质科技奖”获得者名单；同意陕西延长石油有限责任公司副总经理王香增为中国地质学会第39届理事会常务理事；中化地质矿山总局局长尚红林任中国地质学会第39届理事会理事、常务理事；同意地质出版社副社长王章俊、地学哲学研究分会副秘书长林芳任中国地质学会第39届理事会理事；审批通过学会首批中国科协“学科科学传播专家团队”及“学科首席科学传播专家”人选；审议同意2015年于台湾地区召开第8届世界华人地质大会；审议学会“十大地质科技进展”“十大地质找矿成果”评选办法。

12日“第十四届青年地质科技奖”结果揭晓，王庆飞等10名同志被授予“金锤奖”，于海峰等40名同志被授予“银锤奖”。

3月

12日 开展2014年度“国土资源科学技术奖”推荐工作。

15日 中国地质学会2014年分支机构、省级地质学会秘书长工作会议在重庆召开。

4月

9日 中央纪委监察部廉政理论研究中心副局级纪律检查员、监察专员宋晓峰，副处长詹福满，干部崔平平代表中国监察学会到访中国地质学会，中国地质学会秘书长朱立新、专职副秘书长郝梓国等参加了会谈。双方就开展学会工作、加强学会建设等问题进行了较为深入的交流，并商定经常性地开展沟通交流和信息共享，相互配合、相互支持，促进共同发展。

19日 中国地质学会常务副理事长、秘书长朱立新组织北京第一六六中学师生赴怀柔青龙峡植树基地开展第45个“世界地球日”“我的蓝天梦”植树活动。

20日 中国地质学会在北京举行纪念第45个“世界地球日”暨第二届在京高校大学生演讲比赛，来自中国地质大学（北京）、中国矿业大学（北京）、中国石油大学（北京）和首都师范大学4所高校的20名参赛选手进入决赛。

5 月

4 日 在京举办中国地质学会第十四届“青年地质科技奖”获奖代表座谈会。

6 日 开展第六届“全国优秀科技工作者”推荐评选工作。

6 月

18 日 中国地质学会第 39 届理事会第 9 次秘书长会议在中国地质科学院召开。通报学会上半年工作情况及下半年主要工作安排；审议增设中国地质学会“野外青年地质贡献奖——金罗盘奖”；审议 2015 年会议计划；审批学会社会聘用职工工资标准、福利待遇等。

19—27 日 中国地质学会第 39 届理事会第 5 次全体理事会议以通讯形式召开。审定学会设立中国地质学会“野外青年地质贡献奖——金罗盘奖”事宜。

20—27 日 中国地质学会第 39 届理事会第 13 次常务理事会议以通讯形式召开。会议同意设立中国地质学会境外地质矿产研究分会、中国地质学会纳米地质专业委员会；同意武汉地大石油技术有限公司为中国地质学会第 39 届理事会理事单位，同意向龙斌为中国地质学会第 39 届理事会理事；同意组建“古生物学科科学传播专家团队”，推荐吉林大学博物馆馆长金利勇教授任首席专家；同意组建“矿山安全学科科学传播专家团队”，推荐中国矿业大学（北京）武强教授任首席专家；同意中国煤炭地质总局副局长、总工程师孙升林任中国地质学会第 39 届理事会理事、副理事长；同意中国人民武装警察部队黄金指挥部副总工程师王信虎同志为理事、常务理事；同意广州海洋地质调查局局长温宁任理事；同意中国地质调查局科技外事部副主任何庆成同志任副秘书长；原则同意地热专业委员会第一届委员会组成人员名单，主任委员由石建省担任；同意非常规油气地质专业委员会第一届委员会组成人员名单，主任委员由马永生担任；同意青年工作委员会增补曹黎等 16 名委员；同意探矿工程专业委员会增补高德利等 3 名委员；同意海洋地质专业委员会主任委员由温宁同志担任；同意推荐新疆维吾尔自治区地质矿产勘查开发局董连慧同志、中国地质科学院水文地质环境地质研究所石建省同志、中国地质大学（北京）张招崇同志为第六届“全国优秀科技工作者”候选人推荐人选；审议通过《“十大地质科技进展”“十大地质找矿成果”评选办法》。

23 日 中国科协批准中国地质学会成立“地下水资源合理利用与污染防治科学传播专家团队”，首席科学传播专家由中国地质科学院水文地质环境地质研究所所长石建省担任；批准成立“地质灾害科技减灾科学传播专家团队”，首席科学传播专家由国土资源部地质灾害应急技术指导中心总工程师殷跃平担任；批准成立“珠宝玉石科学传播专家团队”，首席科学传播专家由中国地质大学（北京）珠宝学院副院长郭颖担任；批准成立“岩溶及洞穴科学传播专家团队”，首席科学传播专家由中国地质科学院岩溶地质研究所副所长蒋忠诚担任；批准成立“古生物学科学传播专家团队”，首席科学传播专家由吉林大学博物馆馆长金利勇担任；批准成立“矿山安全科学传播专家团队”，首席科学传播专家由中国矿业大学（北京）教授武强担任。

7月 8日 开展中国科协第十一届“中国青年女科学家奖”候选人推荐工作。

14—18日 中国地质学会以通讯形式召开了中国地质学会第39届理事会第10次秘书长会议。审批《中国地质学会差旅费管理办法》，审议中国地质学会新增科学传播专家团队事宜。

20— 25日 中国地质学会2014年全国青少年地学夏令营在山东省举行。营员们实地考察和参观了蒙阴孟良崮战役纪念馆、蒙山国家地质公园、临沂钻石国家矿山公园、平邑天宇自然博物馆、日照港、日照帆船基地、诸城恐龙博物馆、趵突泉等。学会聘请地学专家全程陪同讲解，就地学基础知识、古生物等相关内容做了专题科普讲座，并辅导营员们撰写了地质小论文。

8月 11日 德国德古意特出版社总裁冯守望（Sven Fund）一行到访学会，朱立新秘书长和期刊处郝梓国处长接待来宾。双方就期刊、图书出版合作达成了初步意向，并会在未来进一步加强合作，实现共赢。

9月 2日 中国地质学会以通讯形式召开了第39届理事会第11次秘书长会议。审议中国地质学会煤田地质专业委员会更名和第八届委员会组成人选。

4日 中国地质学会第39届理事会第14次常务理事会议在北京召开。同意成立中国地质学会咨询委员会，咨询委员会主任由孙枢担任，副主任由孟宪来、李廷东、马永生担任，委员由27名地学领域两院院士和专家组成；同意组建“中国地质学会地热资源开发利用科学传播专家团队”，首席传播专家推荐中国地质科学院水文地质环境地质研究所王贵玲担任；同意煤田地质专业委员会更名为煤炭地质专业委员会；同意第八届煤田地质专业委员会组成人选；同意设立“野外青年地质贡献奖——金罗盘奖”；同意“黄汲清奖”获奖者税后奖金由1万元/人，调整为5万元/人，“青年地质科技奖——金锤奖”获得者税后奖金由0.4万元/人，调整为1万元/人，“银锤奖”获得者奖金由0.2万元/人，调整为0.5万元/人，“金罗盘奖”获得者税后奖金设定为0.5万元/人。

10日 中国地质学会在北京召开科学传播专家团队工作启动暨科普工作研讨会。

10日 印发中国地质学会《野外青年地质贡献奖——金罗盘奖奖励条例》《年度“十大地质科技进展”“十大地质找矿成果”评选办法》。

16日 中国地质学会“第一届野外青年地质贡献奖——金罗盘奖”评选申报工作启动。

24日 地质类专业认证试点工作组召开专家研讨会，审议新增专业认证《补充标准》，部署2014年入校考察工作。

26日 中国地质学会第39届理事会第12次秘书长会议在中化地质大厦召开。会议审议了

9 月 组建“页岩气科学传播专家团队”，推荐包书景任首席传播专家；审议了中国地质学会纳米地质专业委员会、境外地质矿业研究分会第一届委员会组成人员名单；审议了徐霞客研究分会换届人员名单，以及中国矿业联合会地质勘查协会任中国地质学会理事会常务理事、理事变更名单。

27 日 中国地质学会联合学会珠宝玉石、地质灾害科学传播专家团队、老科技工作者协会、中国地球物理学会、金融街街道等单位开展以“创新发展，全民行动”为主题的科普宣传活动。

10 月 9—16 日 中国地质学会以通讯形式召开了中国地质学会第 39 届理事会第 15 次常务理事会议。会议同意组建“中国地质学会页岩气科学传播专家团队”，推荐包书景任学科首席科学传播专家；同意纳米地质专业委员会第一届委员会组成人员名单，主任委员由琚宜文担任；同意境外地质矿业研究分会第一届委员会组成人员名单，主任委员由王瑞江担任；同意徐霞客研究分会换届人员名单，会长由王宝才担任，秘书长由顾晓华担任；同意中国矿业联合会地质勘查协会秘书长田郁溟同志为中国地质学会第 39 届理事会理事、常务理事；同意防灾科技学院为中国地质学会理事单位，齐福荣同志为理事。

25—26 日 由中国科学技术协会主办、中国地质学会青年工作委员会承办、中国科学院老科学技术工作者协会协办的以“观念与创新：非常规地质”为主题第 93 期新观点新学说学术沙龙在北京举行。

11 月 1 日 中国地质学会咨询委员会成立大会召开。

2 日 应中国人工智能学会要求，中国人工智能学会在谢主任的带领下，来学会调研学习，华丽娟副处长针对评估工作中的基础条件、内部治理、工作绩效等细节进行了细致的讲解与耐心的解答。

7—9 日 中国地质学会参加由中国科协和安徽省政府共同主办、安徽省科协和芜湖市政府联合承办的第六届中国（芜湖）科普产品博览会。

12 月 2 日 中国地质学会朱立新秘书长被中国科协聘为创新评估报告审查委员会委员。

5 日 中国地质学会联合营养学会、人工智能学会在北京共同开展了 2014 年中国科协“会员日”活动，首次实现跨行业、跨学科开展科普活动。

中国地质学会被中国科学技术协会科普部评为“2014 年度全国学会科普工作优秀单位”。

中国地质学会荣获“2013 年度全国学会财务决算工作先进单位”。

8 日 中国地质科学院党委会议研究决定，唐序任中国地质学会秘书处处长，免去禹启仁中国地质学会秘书处处长职务。

12月 13日 中国地质学会首届“金罗盘奖”评审会议在北京召开，100名优秀野外青年地质科技工作者获奖。

26日 中国地质学会第39届理事会第13次秘书长会议在中国煤炭地质总局召开。审议通过2014年度工作总结和2015年工作要点; 同意新增妇女工作委员会和化石保护研究分会; 审议了前寒武地质专业委员会换届工作、矿床地质专业委员会第八届委员会组成人选和地热专业委员会（第一届）增补委员名单；审议了山东省济南市国土资源局、中国石油大学（北京）为中国地质学会第39届理事单位，山东省济南市国土资源局韩晓光局长、中国石油大学（北京）庞雄奇副校长为中国地质学会第39届理事会理事；审议了2015年学术年会相关事宜；审议了2015年学术活动计划及主要会议计划；审议了中国地质学会2015年推荐中国科学院、中国工程院两院院士候选人工作细则和工作方案。

2015

1月 4—8日 中国地质学会以通讯形式召开第39届理事会第16次常务理事会议。同意《中国地质学会推选中国科学院、中国工程院院士候选人实施细则（试行）》《中国地质学会2015年度推选中国科学院、中国工程院院士候选人工作方案》《中国地质学会关于2015年度推选中国科学院、中国工程院院士候选人成立相关机构的决定》等相关文件；同意中国地质学会矿床地质专业委员会第八届委员会组成人员名单，由毛景文担任主任委员；同意中国地质学会地热专业委员会第一届委员会增补朱友强、姜春永、皮建高、林黎、詹应林、冯玉国；同意山东省济南市国土资源局、中国石油大学（北京）为第39届理事会理事单位；山东省济南市国土资源局韩晓光局长、中国石油大学（北京）庞雄奇副校长为第39届理事会理事。

13日 中国地质学会两院院士推选工作研讨会在京召开。

24日 中国地质学会2014年度“十大地质科技进展”和“十大地质找矿成果”评选结果揭晓。

中国地质学会章雨旭研究员被评为“全国新闻出版行业领军人才”。

中国地质学会生物演化与地史学科学传播专家团队获中国科协2015年首批科普项目择优资助。

2月 2日 中国地质学会2014年度“十大地质科技进展”和“十大地质找矿成果”评选结果揭晓。

9日 俄罗斯自然科学院在北京举行外籍院士颁发证书仪式。朱立新秘书长、中国科协岩溶

2 月 学首席科学传播专家蒋忠诚和中国科协地热学首席科学传播专家王贵玲当选俄罗斯自然科学院外籍院士。

28 日 中国地质学会第 39 届理事会第 17 次常务理事会议在北京召开。审议通过学会 2014 年工作报告、财务状况报告及 2015 年工作要点、学术活动计划；根据中国科协要求及《中国地质学会推选两院院士候选人实施细则（试行）》《中国地质学会 2015 年度推选两院院士候选人工作方案》推选出 17 名两院院士候选人。

3 月 13 日 中国地质学会第 39 届理事会第 14 次秘书长会议在北京召开。同意成立“中国地质学会定量地学科学传播专家团队”并确定学科首席人选；同意成立中国地质学会核地质专业委员会；同意河北工程大学为第 39 届理事会理事单位；通过学会 2015 年学术年会一号通知；批准省级学会、分支机构 2014 年度单项工作奖和工作优秀奖、优秀信息员等奖项。

23—24 日 中国地质学会在山西太原召开 2015 年度分支机构、省级学会秘书长工作会议暨科普工作会。

中国地质学会荣获国土资源部“2014 年度信息工作先进单位”。

4 月 18 日 中国地质学会在第二届全国青年地质大会上为首届“金罗盘奖”获奖者颁奖。

19 日 中国地质学会常务副理事长、原中国地质调查局局长孟宪来、中国地质学会专职副秘书长郝梓国一行来到四川省地质学会视察指导工作。

22 日 在紫竹院公园举办第 46 个“世界地球日”主题科普宣传活动，共同呼吁“珍惜地球资源，转变发展方式——提高资源利用效益”。

23 日 中国地质学会在北京举办以“珍惜地球资源，转变发展方式——提高资源利用效益”为主题的第三届首都高校大学生演讲比赛。中国地质大学（北京）、装甲兵工程学院等 9 所高校的 18 名选手进入决赛。

5 月 16 日 中国地质学会常务副理事长孟宪来莅临江西省地质学会检查指导工作。

17 日 中国地质学会在北京湖北大厦召开 2015 年上半年进校考查工作部署会议。

《地质学报》《地质论评》双双荣获“2015 年度期刊出版质量优秀奖”。

6 月 1—10 日 中国地质学会以通讯形式召开第 39 届理事会第 18 次常务理事会议。同意组建“中国地质学会“3S”技术与地学科学传播专家团队”，推荐首席传播专家由中国地质大学（北京）陈建平担任；同意河北工程大学为第 39 届理事会理事单位，河北工程大学孙玉壮副校长为理事、国土资源部中央地质勘查基金管理中心副主任王国平接任程利伟为理事；同意成立中国地质学会核地质专业委员会，挂靠单位为核工业北京地质研究院。

6月 4日　中国地质学会以通讯形式召开第39届理事会第15次秘书长会议。审议石油地质专业委员会换届人员名单；通过石油地质专业委员会第八届委员会组成人选。

4—11日　中国地质学会以通讯形式召开第39届理事会第19次常务理事会议。审批石油地质专业委员会换届人员名单，同意石油地质专业委员会第八届委员会组成人选。

14—18日　中国地质学会和台湾中央研究院地球科学研究所联合主办的第八届世界华人地质大会在中国台湾台北市召开。

7月 11日　中国地质学会第39届理事会第16次秘书长会议在北京召开。同意组建“地貌学及第四纪地质学科学传播专家团队”“自然环境变迁与古脊椎动物的衍化科学传播专家团队”“山区城镇地质环境保护科学传播专家团队”；同意成立洁净煤地质专业委员会；同意矿山地质委员会第七届委员会组成人选、妇女工作委员会和化石保护研究分会第一届委员会组成人选；提议设立“中国地质学会女地质科学家奖”；通报2015年学术年会筹备情况；通过《中国地质学会优秀科学传播专家团队及优秀科学传播工作者评选办法（暂行）》；评选学会2014年优秀科普专家团队及先进个人。

21日　中国地质学会召开第39届理事会第20次常务理事会。同意组建“地貌学及第四纪地质学科学传播专家团队”，推荐首席传播专家由中国地质大学（武汉）李长安教授担任；同意组建“自然环境变迁与古脊椎动物的衍化科学传播专家团队”，推荐首席传播专家由地质出版社王章俊教授担任；同意组建“山区城镇地质环境保护科学传播专家团队”，推荐首席传播专家由成都理工大学黄润秋教授担；同意成立洁净煤地质专业委员会，挂靠单位为中国煤炭地质总局；同意东华理工大学（原华东地质学院）副校长郭福生接任刘庆成为第39届理事会理事；同意黄山风景区管理委员会李维接任韩晋芳为第39届理事会理事；同意中化地质矿山总局地质研究院院长邓小林接任杨金湖为第39届理事会理事；同意矿山地质专业委员会第七届委员会组成人员名单，主任委员由王京彬担任，挂靠单位变更为北京矿产地质研究院；同意妇女工作委员会第一届委员会组成人员名单，主任委员由吴淑琪担任；同意化石保护研究分会第一届委员组成人员名单，主任委员由贾跃明担任。

31日　中国科协科普中国“移动互联科学传播榜”季度榜评选结果揭晓，中国地质学会珠宝玉石专家团队荣登“科普中国微平台移动互联科学传播榜”季度榜——科普认证微博活力榜榜首。

8月 13日　中国地质学会正式开启中国地质学会科普微信平台——百慕大地学。

19—24日　中国地质学会联合中国地质环境监测院、中国地质学会地质灾害研究分会、地质灾害科技减灾科学传播专家团队及青海省地质环境监测总站，由学会秘书处华丽娟副

8 月 处长领队，在地质灾害防控专家周保等专家的带领下组织开展“走进青海”在中小学开展防灾减灾宣讲活动。

9 月 10 日 中国地质学会第 39 届理事会第 17 次秘书长会议在北京召开。会议审议通过核地质专业委员会第一届委员会组成人员名单；同意环境地质专业委员会第五届委员会换届人员名单；同意 21 世纪中国地质研究分会第五届委员会换届人员名单；评选出中国科协“第十一届光华工程科技奖”候选人。

14—24 日 中国地质学会以通讯形式召开第 39 届理事会第 21 次常务理事会议。会议同意核地质专业委员会第一届委员会组成人员名单，主任委员由李子颖担任；同意环境地质专业委员会第五届委员会换届人员名单，主任委员由张作辰担任；同意 21 世纪中国地质研究分会第五届委员会换届人员名单，主任委员由李金发担任；同意江苏鹏信亿德投资管理有限公司为第 39 届理事单位；同意彭兆远同志为第 39 届理事会理事。

17 日 中国科协召开“全国学会创新和服务能力提升工程优秀科技社团建设”项目工作部署会议，朱立新秘书长出席了本次会议。学会荣获中国科协颁发的“学会创新和服务能力提升工程优秀科技社团”。

18—25 日 中国地质学会在北京鸟巢参与中国科协“全国科普日”北京主场活动——科学嘉年华活动。

10 月 9—11 日 中国地质学会 2015 年学术年会在西安举行。来自地质矿产等相关领域的近 2000 名专家学者齐聚一堂，围绕“推动地质科技创新，支撑找矿突破实践，服务美丽中国建设”的主题展开了深入的学术交流活动。会议共设置 1 个主会场，26 个分会场；共收录论文摘要 700 余篇，评选出优秀论文 150 余篇。

21 日 《地质学报》获得“2014 年中国百种杰出学术期刊”荣誉称号，《地质论评》被收录为“中国科技核心期刊”。

11 月 27 日 中国地质学会第 39 届理事会第 18 次秘书长会议在北京召开。会议确定第 35 届国际地质大会中国展台内容；通过中国地质学会矿产勘查专业委员会第六届委员会人员名单。

中国地质学会被中国科协评为“2014 年度全国学会财务决算工作先进单位”。

中国地质学会获“国家自然科学奖” 直接推荐单位。

12 月 8 日 中国地质学会第十五届“青年地质科技奖（金、银锤奖）”评选揭晓。

7—17 日 中国地质学会以通讯形式召开第 39 届理事会第 22 次常务理事会议。会议同意矿产勘查专业委员会第六届委员会换届人员名单，主任委员由高利民担任；同意中国石油

12 月 勘查与生产分公司刘德来教授接任姚超为第 39 届理事会副秘书长；同意首钢地质勘察院侯效钦同志接任赵宪敏为第 39 届理事会理事；同意中铁工程设计咨询集团有限公司钱国玉同志接任胡清波为第 39 届理事会理事。

18—19 日《地质学报》（英文版）、《地质学报》（中文版）、《地质论评》获得“2015 中国最具国际影响力学术期刊”称号。

中国地质学会受吉林大学、中国地质科学院勘探技术研究所、中国地质调查局油气资源调查中心委托，在北京召开 “陆域天然气水合物冷钻热采技术”研究成果鉴定会。

中国地质学会被中国科协评为“2015 年度全国学会科普工作优秀单位”。

2016

1 月 9 日 中国地质学会在北京召开“国家自然科学奖”评审会议，推选“南海北部陆坡天然气水合物发现中的地质认识”为国家自然奖候选项目。

13—19 日 中国地质学会以通讯形式召开第 23 次常务理事会议。会议同意何庆成作为候选人竞选第 35 届国际地科联秘书长。

19 日 中国地质学会 2015 年度“十大地质科技进展” “十大地质找矿成果” 揭晓。

2 月 25 日 中国地质学会在北京召开第 39 届理事会第 24 次常务理事会议。审议通过学会 2015 年工作总结和 2016 年工作要点、学会 2015 年财务报告、2016 年学术活动计划；审定通过向中国科协推荐第九届全国代表大会代表及委员会委员候选人选。

29 日 中国地质学会以通讯形式召开第 39 届理事会第 7 次全体理事会议。审定通过中国地质学会 2015 年工作总结、中国地质学会 2016 年工作要点。

3 月 3—9 日 中国地质学会以通讯形式召开第 19 次秘书长会议。审议批准分支机构、省级地质学会 2015 年度工作优秀奖和单项工作奖、优秀信息员；审议批准学会 2015 年优秀科学专家团队及优秀科学传播专家。

13—15 日 中国地质学会在长沙召开 2015 年度分支机构、省级地质学会秘书长工作会议。

4 月 11—13 日 中国地质学会以通讯形式召开第 25 次常务理事会议。审批通过武强、梁金强为“全国杰出科技人才”候选人，王贵玲、郭颖、谢玉洪为“全国优秀科技工作者”候选人。

4 月 20 日 中国地质学会举办纪念第 47 个“世界地球日”暨第四届首都高校大学生演讲比赛，9 所高校的 20 名大学生进入决赛。

5 月 3—10 日 中国地质学会以通讯形式召开第 26 次常务理事会议。同意第 39 届理事会延期一年至 2017 年 11 月底前完成换届工作。

18 日 中国地质学会推荐的郭颖、王贵玲、谢玉洪被中国科协授予第七届“全国优秀科技工作者”奖。

6 月 3—20 日 中国地质学会以通讯形式召开第 39 届理事会第 8 次全体理事会议，传达学习贯彻中国科协第九次全国代表大会精神。

16 日 中国地质学会在北京召开第 39 届理事会第 20 次秘书长会议。会议传达了中国科协第九次全国代表大会的精神；审议分支机构委员会组成人员；审议学会理事变更；审议新增省级地质学会；审定第 35 届国际地质大会中国展台地质科技成果展览内容；会议一致同意推荐秘书处副秘书长华丽娟为“全国科协系统先进工作者”候选人。

27 日 中国地质学会召开第 39 届理事会第 27 次常务理事会议。会议审批通过国土资源部党组成员、中国地质调查局局长、党组书记钟自然接任徐绍史同志为中国地质学会第 39 届理事会理事长，由秘书处按程序提请中国科学技术协会审批；审批通过聘请法律顾问一名；审批通过构造地质学与地球动力学专业委员会第九届委员会组成人员名单，非开挖技术专业委员会第五届委员会换届人员名单；同意姚建新研究员接任项礼文为地层古生物专业委员会主任委员，纪占胜研究员为地层古生物专业委员会秘书长，熊述清接任陈炳炎为矿产资源保护综合利用专业委员会秘书长；同意张作辰副院长接任侯金武为中国地质学会第 39 届理事会理事，增补文冬光主任为中国地质学会第 39 届理事会理事；审批通过推荐中国地质学会秘书处副秘书长华丽娟为“全国科协系统先进工作者”候选人。

7 月 24—30 日 中国地质学会在宁夏回族自治区成功举办全国青少年地学夏令营活动。

8 月 3—15 日 中国地质学会以通讯形式召开第 39 届理事会第 9 次全体理事会议。会议审定学会理事长变更事宜。

16 日 经国土资源部党组推荐、中共中央组织部和中国科学技术协会批准，中国地质学会第 39 届理事会第 9 次全体理事民主选举，由国土资源部党组成员、中国地质调查局局长、党组书记钟自然同志接任中国地质学会第 39 届理事会理事长。

29 日 由中国地质学会组成中国代表团参加在南非开普敦召开的第 35 届国际地质大会，来自全球 115 个国家和地区的 4200 余名代表参会，交流展示了最新地球科学成果，共襄

8月 地球科学盛举，中国代表团由全国地勘行业的400余名地学领域的科学家和科技工作者组成。

9月 8日 经过评审、公示等环节，中国地质学会第二届“野外青年地质贡献奖——金罗盘奖”100名获奖者名单揭晓。

26日 中国地质学会在北京召开第39届理事会第21次秘书长会议。会议通报第35届国际地质大会相关情况，审议了新增理事单位、理事；审议了变更分支机构挂靠单位；审议了分支机构委员会组成人选；审议了新增分支机构；部署了2017年度学会重要学术会议。

29日 中国地质学会以通讯形式召开第28次常务理事会议。会议同意洁净煤地质专业委员会第一届委员会组成人选，主任委员由孙升林担任；同意地质教育研究分会第六届委员会组成人选，主任委员由王成善担任；成立中国地质学会矿山水防治与利用专业委员会，挂靠单位为中国矿业大学（北京）；同意工程地质业委员会第十届委员会组成人选，主任委员由彭建兵担任；同意西安科技大学为中国地质学会第39届理事会理事单位，王生全为中国地质学会第39届理事会理事，同意洁净煤地质专业委员会第一届委员会组成人选，主任委员由孙升林担任，秘书长由程爱国担任；同意增补西安科技大学为中国地质学会第39届理事会理事单位，西安科技大学地质与环境学院王生全院长为中国地质学会第39届理事会理事。

12月 13日 中国地质学会“第八届黄汲清青年地质科学技术奖”评选结果揭晓。

14日 中国地质学会在北京召开第39届理事会第22次秘书长会议。会议汇报学会2016年学会工作情况和2017年工作要点；审议学会理事变更、增补事宜；审议分支机构委员会组成人选；审议新增分支机构；审议2017年学术年会一号通知；审议《中国地质学会女科学家奖条例（暂行）》；审议国际地球科学奥林匹克竞赛事宜；审议科学家传播专家团队团员变更事宜。

2017

1月 3日 经中国地质学会第39届理事会第29次常务理事会议审批，同意中国地震局地壳应力研究所张世民接任谢富仁为中国地质学会第39届理事会理事；同意增补有色金属矿产地质调查中心杨兵为中国地质学会第39届理事会理事;同意成立地质资料研究分会，挂靠在中国地质调查局发展研究中心（全国地质资料馆）；同意岩矿测试技术专业委员会第八届委员会组成人选，主任委员由罗立强担任。

1 月

4—11 日 中国地质学会以通讯形式召开了第 39 届理事会第 30 次常务理事会议。会议审批中国地质学会 2017 年推选两院院士候选人工作相关事宜；一致同意《中国地质学会推选中国科学院、中国工程院院士候选人实施细则（试行）》《中国地质学会 2017 年度推选中国科学院、中国工程院院士候选人工作方案》《中国地质学会 2017 年度推选中国科学院、中国工程院院士候选人工作组织机构及成员名单》等相关文件。

20—22 日 中国地质学会以通讯形式召开了第 39 届理事会第 23 次秘书长会议。会议审议批准了学会新修订的《中国地质学会聘任制职工月工资标准及福利待遇执行试行办法（实施细则）》。

2 月

3 日 中国地质学会 2016 年度“十大地质科技进展”“十大地质找矿成果”评选结果揭晓。

20 日 中国地质学会以通讯形式召开了第 39 届理事会第 31 次常务理事会议。会议通报中国地质学会中国科学院、中国工程院院士候选人推选工作情况。

3 月

7—13 日 中国地质学会以通讯形式召开了第 39 届理事会第 24 次秘书长会议。会议审议了省级地质学会、分支机构、科普专家团队 2016 年度各项工作先进单位及个人。

20—21 日 中国地质学会在广东珠海召开学会 2017 年度分支机构和省级地质学会秘书长工作会议暨科普工作会议。

31 日 中国地质学会第 39 届理事会第 32 次常务理事会议在北京召开。会议审批通过了学会 2016 年工作总结和 2017 年工作要点、换届《工作方案》、学会 2016 年财务报告、学会 2017 年学术活动计划及学会对分支机构学术会议和财务总会统一管理事宜；审批通过了《中国地质学会优秀女地质工作者奖励条例（暂行）》《中国地质学会优秀科普作品评选暂行办法》。

4 月

12 日 中国地质学会以通讯形式召开了第 39 届理事会第 25 次秘书长会议。会议审议第五届中国地质学会青年工作委员会组成人选。

5 月

3—11 日 中国地质学会以通讯形式召开了第 39 届理事会第 26 次秘书长会议。会议审议《中国地质学会分支机构管理办法》。

3 日 中国地质学会以通讯形式召开了第 39 届理事会第 33 次常务理事会议。会议审批通过第五届中国地质学会青年工作委员会组成人选。

12 日 中国地质学会印发《中国地质学会分支机构管理（暂行）办法》。

15—17 日 中国地质学会以通讯形式召开了第 39 届理事会第 34 次常务理事会议。

5 月 会议审批中国地质学会推荐中国科协优秀党员科技工作者候选人；同意中国地质调查局天津地质调查中心金若时、内蒙古自治区地质调查院郝俊峰、浙江省地质矿产研究所曹敓（女）、贵州省地质矿产勘查开发局 105 地质大队祁连素（女）为中国地质学会推荐中国科协“优秀党员科技工作者”候选人，由学会秘书处报中国科协社团党委。

27 日　中国地质学会以通讯形式召开第 39 届理事会第 27 次秘书长会议，审议了分支机构委员会组成人选及分支机构增补、科普专家团队人员组成等。

6 月 2 日　中国地质学会第 39 届理事会第 35 次常务理事会议在北京召开。会议审批换届工作事宜；汇报学会下一步工作安排；同意矿山水防治与利用专业委员会第一届委员会组成人选，主任委员由武强担任；同意成立中国地质学会地质资料研究分会，挂靠单位为中国地质调查局发展研究中心；同意自然环境变迁与古脊椎动物的衍化科学传播专家团队的成员变更申请；提出增设中国地质学会“优秀党员地质科技工作者奖”建议，与会代表指出待中国科协出台该奖项的相关规定后，再进行审议。

8 月 2 日　中国地质学会在北京召开第 39 届理事会第 28 次秘书长会议，通报学会换届、学术年会、黄石科普大会等工作进展情况及下一步学会工作安排；审议了新一届理事会理事推荐事宜；审议批准了学会《聘任制职工月工资标准及福利待遇试行执行办法（实施细则）》；评选了学会第 39 届理事会先进集体和先进个人；审批了科普书籍及年会预算等；审议了学会分支机构换届名单、财务管理办法、《章程》修改稿等。

18 日　中国地质学会以通讯形式召开了第 39 届理事会第 36 次常务理事会议。会议审议批准学会《第 39 届理事会工作回顾》《品珠宝赏文化》书籍编印经费预算、年会经费预算及年会参展商赞助方案；审议批准沉积地质专业委员会第十届委员会组成人员名单；审议批准新修订的学会《章程》。

9 月 4 日　中国地质学会“第十六届青年地质科技奖（金、银锤奖）”评选结果揭晓。

6 日　中国地质学会印发修订《财务管理办法》。

12 日　中国地质学会以通讯形式召开了第 39 届理事会第 29 次秘书长会议。会议审议勘查地球化学专业委员会第九届委员会组成人员名单。

18 日　中国地质学会在北京召开第 39 届理事会第 37 次常务理事会议。会议汇报第 40 届理事会理事、常务理事、副理事长、理事长推荐情况；审议第 39 届理事会工作报告、财务报告；审议学会《章程》（修改稿）；审议会费标准调整事宜；评选学会第 39 届理事会副秘书长先进个人；提出第一届监事会及功能型党组织组成人选建议；审议换届大会主要议程；审批勘查地球化学专业委员会第九届委员会组成人员建议名单。

10 月

10—12 日 中国地质学会 2017 年学术年会在杭州举行，来自地质矿产等相关领域的 2500 余位代表参加会议。会议收到学术论文摘要近 1000 篇；会议共设置 1 个主会场，28 个分会场。会后分两条路线进行了野外地质考察。

29 日 中国地质学会召开第一届“优秀女地质科技工作者”奖评审会，评选产生 10 名获奖者。

附　录

第 39 届理事会

理事长：钟自然

常务副理事长：孟宪来

副理事长：（按姓氏笔画排序）

马永生　王京彬　邓　军　朱伟林　刘玉辰　孙升林　杜金虎　李丕龙　李金发　邱建刚　范蔚茗　琚宜太

秘书长：朱立新

常务理事：（按姓氏笔画排序）

王香增　王信虎　田郁溟　朱立新　李建伦　李耀刚　杨文采　沈建忠　尚红林　姜建军　柴育成
钱国玉　彭土标　彭齐鸣　董树文　潘　懋

理事：（按姓氏笔画排序）

丁　俊	丁孝忠	万　力	马永生	王　平	王　达	王小烈	王云龙	王生全	王立峰	王训练	王汝成
王志红	王果胜	王国平	王京彬	王建青	王香增	王信虎	王章俊	王瑞江	毛景文	文冬光	方先知
邓　军	邓小林	邓运华	邓志奇	石建省	龙长兴	田凤鸣	田郁溟	田震远	史长义	冯安生	冯志强
曲亚军	朱　敏	朱文鑑	朱立新	朱伟林	朱祥坤	任小华	任雨来	向龙斌	庄育勋	刘　卉	刘山青
刘玉辰	刘亚川	刘传正	刘建朝	刘俊来	刘鸿飞	齐福荣	关凤峻	江新华	汤　毅	孙升林	孙玉壮
孙柏年	严光生	杜金虎	杜海燕	李　朋	李　俊	李　维	李大华	李子颖	李从文	李文渊	李丕龙
李在文	李连举	李金发	李建伦	李洪喜	李高生	李海兵	李海忠	李超岭	李献华	李德连	李耀刚
杨艺华	杨文采	杨志刚	杨经绥	杨树峰	杨振宇	吴永平	吴湘滨	邱建刚	邱增果	何先涛	何远信
何南飞	沙金庚	沈建忠	宋永祺	宋光齐	宋胜武	张　陟	张　群	张训华	张永波	张亚钧	张作辰
张金昌	张顺金	张晓东	张培震	张维亮	张新兴	陈正国	陈宁璋	陈伟海	陈华文	陈军峰	陈建平
武　强	苗丰民	范蔚茗	林　芳	林畅松	尚红林	罗立强	岳盛林	金之钧	金若时	周海民	周新源
庞雄奇	单昌昊	单海平	孟宪来	项尝培	赵　越	赵文智	赵先良	赵保胜	郝　芳	郝梓国	胡　平
胡时友	胡瑞忠	柏贵生	钟自然	段子清	侯春堂	侯效钦	侯增谦	姜玉池	姜建军	姜树叶	姚华舟
姚秉忠	姚建新	贾跃明	夏　鸣	顾　岩	柴育成	钱国玉	倪　军	倪师军	徐义刚	徐振坤	郭文秀
郭玉虎	郭正堂	郭福生	黄润秋	崔　滨	琚宜太	彭土标	彭兆远	彭齐鸣	董书宁	董树文	蒋忠诚
韩子夜	韩晓光	韩晓峰	舒良树	舒德干	温　宁	谢富仁	楼小东	蔡剑辉	谭克龙	熊先孝	熊盛青
潘　懋	霍全明	霍雅勤	魏连伟	魏国齐	魏雄斌						

副秘书长：（按姓氏笔画排序）

万　力	尹功明	叶建良	付水兴	白星碧	刘德来	何庆成	陈正国	陈国胜	周少平	周尚国	宗国洪
郝梓国	姚超美	郭齐军	崔炯成	程爱国	雷时斌						

理事长

钟自然　国土资源部　党组成员
中国地质调查局　党组书记、局长
中国地质科学院　院长
地　　址：北京市西城区阜外大街45号
邮政编码：100037

常务副理事长

孟宪来　中国地质调查局　原局长
地　　址：北京市西城区冠英园西区37号
邮政编码：100035

副理事长

马永生　中国石油化工股份有限公司　副总地质师
地　　址：北京市东城区朝阳门北大街22号
邮政编码：100728

副理事长

王京彬　有色金属矿产地质调查中心　原主任
地　　址：北京市朝阳区安外北苑5号院4区
邮政编码：100012

副理事长

邓　军　中国地质大学(北京)　校长
地　　址：北京市海淀区学院路29号
邮政编码：100083

副理事长

朱伟林　中国海洋石油总公司　总地质师
地　　址：北京市东城区朝阳门北大街25号
邮政编码：100010

副理事长

刘玉辰　中国地震局　原副局长
地　　址：北京市海淀区复兴路63号
邮政编码：100036

副理事长

孙升林　中国煤炭地质总局　副局长
地　　址：北京市海淀区羊坊店东路19号中国煤地大厦11层
邮政编码：100038

副理事长

杜金虎　中国石油天然气股份有限公司勘探与生产分公司　副总经理
地　　址：北京市东城区东直门北大街9号石油大厦
邮政编码：100007

副理事长

李丕龙　中国中化集团公司　原总地质师、总裁助理
地　　址：北京市西城区复兴门内大街28号凯晨世贸中心
邮政编码：100031

副理事长

李金发　中国地质调查局　党组成员、副局长
中国地质科学院　常务副院长

地　　址：北京市西城区阜外大街45号

邮政编码：100037

副理事长

邱建刚　中国核工业集团公司　总经理

地　　址：北京市西城区三里河南三巷一号

邮政编码：100082

副理事长

范蔚茗　中国科学院青藏高原研究所　副所长

地　　址：北京市朝阳区林萃路16号院3号楼

邮政编码：100101

副理事长

琚宜太　中国冶金地质勘查总局　副局长

地　　址：北京市朝阳区姚家园路105号

邮政编码：100025

常务理事

王香增　陕西延长石油（集团）有限责任公司　总地质师

地　　址：西安市雁塔区科技二路75号

邮政编码：710025

常务理事

王信虎　中国人民武装警察部队黄金指挥部
副总工程师

地　　址：北京市西城区红莲南路55号

邮政编码：100055

常务理事

田郁溟　中国矿业联合会地质矿产勘查协会　秘书长

地　　址：顺义区机场东路2号国门商务区中国冶金3号楼3层

邮政编码：100028

常务理事

朱立新　中国地质科学院　原常务副院长、
党委副书记

地　　址：北京市西城区百万庄大街26号

邮政编码：100037

常务理事

李建伦　中国建筑材料工业地质勘查中心　主任

地　　址：北京市西城区西直门内大街北顺城街11号

邮政编码：100035

常务理事

李耀刚　建设综合勘察研究设计院有限公司　总经理
地　　址：北京市东城区东直门内大街177号
邮政编码：100007

常务理事

杨文采　中国科学院　院士
地　　址：北京市西城区百万庄大街26号
邮政编码：100037

常务理事

沈建忠　科学技术部社会发展科技司　原处长
地　　址：北京市西城区复兴路乙15号
邮政编码：100862

常务理事

尚红林　中化地质矿山总局　局长
地　　址：北京市朝阳区和平街十三区甲20号
邮政编码：100013

常务理事

姜建军　国土资源部科技与国际合作司　司长
地　　址：北京市西城区阜内大街64号
邮政编码：100812

常务理事

柴育成 国家自然科学基金委员会地球科学部 常务副主任

地　　址：北京市海淀区双清路83号

邮政编码：100085

常务理事

钱国玉 中铁工程设计咨询集团有限公司 地路院总工程师

地　　址：北京市丰台区广安路15号中铁咨询大厦

邮政编码：100055

常务理事

彭土标 水电水利规划设计总院 副总工程师

地　　址：北京市西城区德外六铺炕北小街2号

邮政编码：100120

常务理事

彭齐鸣 国土资源部地质勘查司 原司长

地　　址：北京市西城区阜内大街64号

邮政编码：100812

常务理事

董树文 中国地质科学院 原副院长

地　　址：北京市西城区百万庄大街26号

邮政编码：100037

常务理事

潘　懋　北京大学地球与空间科学学院　原院长

地　　址：北京大学东门逸夫贰楼（新地学楼）2442室

邮政编码：100871

秘书长

朱立新　中国地质科学院　原常务副院长、党委副书记

地　　址：北京市西城区百万庄大街26号

邮政编码：100037

副秘书长

万　力　中国地质大学(北京)　副校长

地　　址：北京市海淀区学院路29号

邮政编码：100083

副秘书长

尹功明　中国地震局地质研究所　处长

地　　址：北京市朝阳区亚运村华严里1号

邮政编码：100029

副秘书长

叶建良　中国地质调查局油气资源调查中心　原主任

地　　址：北京市朝阳区安外小关东里10号院

邮政编码：100029

副秘书长

付水兴 有色金属矿产地质调查中心 原副主任

地　　址：北京市朝阳区北苑5号院4区

邮政编码：100012

副秘书长

白星碧 国土资源部科技与国际合作司 副司长

地　　址：北京市西城区阜内大街64号

邮政编码：100812

副秘书长

刘德来 中国石油勘探与生产分公司 处长

地　　址：北京市东城区东直门北大街9号

邮政编码：100007

副秘书长

何庆成 中国地质调查局科技外事部 原副主任

地　　址：北京市西城区阜外大街45号院

邮政编码：100037

副秘书长

陈正国 中国建筑材料工业地质勘查中心
副主任兼总工程师

地　　址：北京市西城区西直门内北顺街11号

邮政编码：100035

副秘书长

陈国胜　中国核工业集团地质矿产事业部　副处长
地　　址：北京市东城区和平里七区十四号楼
邮政编码：100013

副秘书长

周少平　中国科学院资源环境与科学技术局
地球科学处　研究员
地　　址：北京市西城区三里河路52号
邮政编码：100864

副秘书长

周尚国　中国冶金地质总局矿产资源研究院　副主任
地　　址：北京市朝阳区姚家园路105号
邮政编码：100025

副秘书长

宗国洪　中化石油勘探开发有限公司　副总经理
地　　址：北京市西城区复兴门内大街28号
凯晨世贸中心中座8层
邮政编码：100031

副秘书长

姚超美　中化地质矿山总局　总工程师
地　　址：北京市朝阳区和平街十三区甲20号
邮政编码：100013

副秘书长

郭齐军　中国石油化工股份有限公司勘探与生产分公司

地　　址：北京市朝阳区朝阳门北大街22号

邮政编码：100728

副秘书长

崔炯成　中海油研究总院科技管理部　总经理

地　　址：北京市东城区东直门外小街6号
海油大厦2009室

邮政编码：100027

副秘书长

程爱国　中国煤炭工业协会煤炭地质分会　副会长

地　　址：北京市海淀区羊坊东路19号中国煤地大厦11层

邮政编码：100039

副秘书长

雷时斌　中国人民武装警察部队黄金指挥部
地质处处长

地　　址：北京市西城区红莲南路55号

邮政编码：100055

专职副秘书长

郝梓国　中国地质学会　专职副秘书长

地　　址：北京市西城区百万庄大街26号

邮政编码：100037

中国地质学会办事机构工作职责

● 秘书处工作职责

唐序处长

华丽娟副处长

高梦瑶

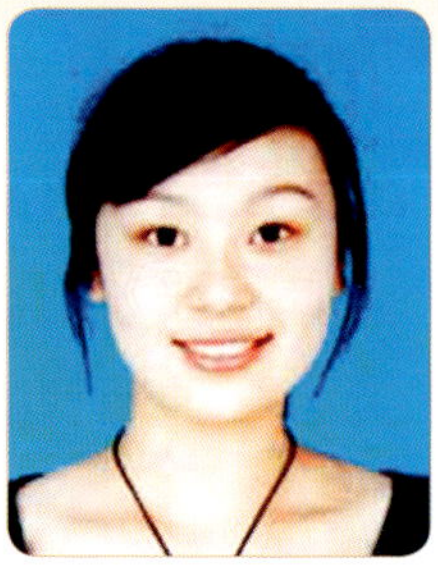
孙莉莉

李彬飂

张子薇

代国标

郭子龙

中国地质学会秘书处是中国地质学会的常设工作机构之一，是落实上级有关部门批示精神和学会理事会决议的执行部门，是指导和协调分支机构及省级地质学会开展工作的部门，其主要工作内容及职责如下：

负责学会常务理事会议、秘书长会及年度省级地质学会、分支机构秘书长工作会议等会议的筹备及学会学术年会的组织、协调工作。

负责中国科学院、中国工程院的院士申报、推荐，组织开展中国地质学会“青年地质科技奖（金、银锤奖）”“黄汲清青年地质科学技术奖”“野外青年地质贡献奖——金罗盘奖”等奖项的评审和“国土资源科学技术奖”“全国优秀科技工作者”“中国地质学会优秀女地质科技工作者”“优秀科普产品奖”等奖项的评选工作。

负责学会相关文件、制度、计划、总结、报告等的起草，负责日常文件的收发、分类、立卷、归档。

负责学会宣传工作，包括内部刊物《中国地质学会年报》《中国地质学会会讯》《情况通报》《年度中国地质科技与地质找矿成果汇编》等的编辑出版工作，负责学会网站的内容更新、发布、维护等。

负责分支机构组建、年检等工作。

负责中国工程教育地质类专业认证委员会组织开展的专业认证工作及专家、培训、档案管理等日常业务工作。

承办中国科学技术协会和国土资源部等部门交办的其他工作。

● 期刊处工作职责

负责《地质学报》(中文版)、《地质论评》和《地质学报》(英文版)3种期刊的编辑出版和发行工作。

对中国地质学会各专业委员会和各省级地质学会主办或协办的刊物，做好管理、协调、服务和业务指导工作。

负责中国地学期刊网、《地质学报》(中文版)、《地质论评》和《地质学报》(英文版)网站的日常维护。

郝梓国处长

章雨旭副处长

周健研究员

费红彩高级工程师

刘志强

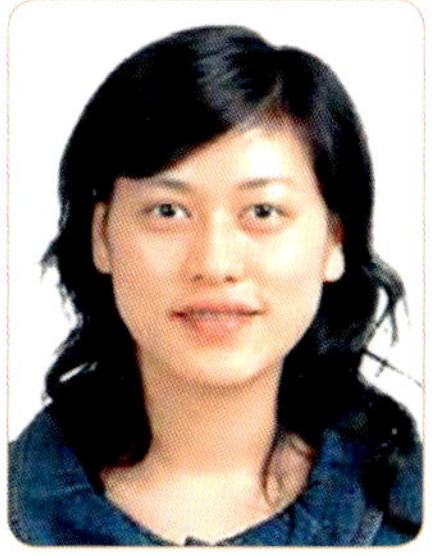
刘　恋

黄　敏

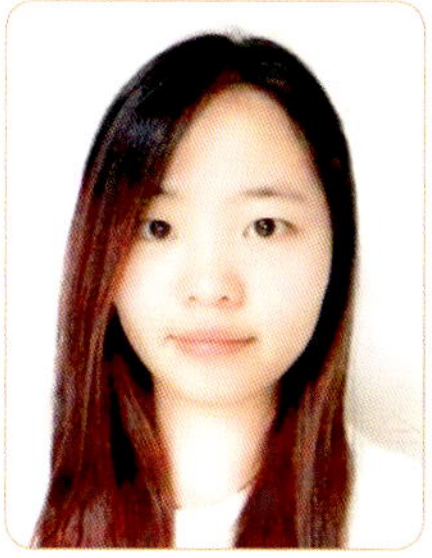
刘　萌